青少年求知文库

QingShaoNian QiuZhiWenKu

做命运的强者

周 阳 编

吉林人民出版社

图书在版编目（ＣＩＰ）数据

做命运的强者 / 周阳编. — 长春：吉林人民出版
社，2010.7（2021.3重印）
　　（青少年求知文库）
　　ISBN 978-7-206-06869-0

　Ⅰ.①做… Ⅱ.①周… Ⅲ.①人生哲学—青少年读物
Ⅳ.①B821-49

　　中国版本图书馆CIP数据核字(2010)第120372号

做命运的强者

编　　者：周　阳
责任编辑：丁　昊
吉林人民出版社出版（长春市人民大街7548号　邮政编码：130022）
印　　刷：三河市燕春印务有限公司
开　　本：700mm×970mm　1/16
印　　张：13　　　　　　字数：110 千字
标准书号：ISBN 978 - 7 - 206 - 06869 - 0
版　　次：2010 年 7 月第 1 版
印　　次：2021 年 3 月第 2 次印刷
定　　价：39.00 元

如发现印装质量问题，影响阅读，请与印刷厂联系调换。

目 录

001

财富不是成功的唯一表现

001

◘ 佚 名

"成功"是一个美好的字眼，渴望成功应该是所有人共同的心理趋向。而我们的社会也越来越热衷于宣扬"成功"。到书店里随便看看，就可以发现大堆的"成功学"著作，有本《××决定成败》的书长期雄踞畅销书榜首，而类似的"克隆版"早已铺天盖地。"成功"这个概念原本是非常清白的，而且人人有份儿，可是自从前些年冒出"成功人士"这个词语以后，味道就变了。就像一些俱乐部只有富人才能加入、一些游戏只有富人才有资格参与一样，今天的"成功"似乎变成了富人独霸的专利。

如果"成功人士"仅仅是一群有钱人，他们也许还不具有攘夺"成功"名义的条件。问题在于，今天几乎所有人都一门心思向往富裕，遂为培植富人的优越感提供了一片集体无意识

的肥沃土壤，他们被视为时代骄子，处于资源和心理上的绝对优势。富人们不但在经济上，而且在身份上，甚至在文化格调、审美品味上也越来越自我感觉良好。赢家通吃，他们实现了"腰缠十万贯"的目标，又向往"骑鹤下扬州"的风雅。留意一下可以发现，与富人消费活动相关的描述始终带有一种美学的傲慢。他们比别人更有心情和闲暇去健身，因此体形上可能更健美；他们更方便去欣赏票价昂贵的音乐会，因此在趣味上自感更高雅；他们加入高尔夫俱乐部或什么会所，因此生活方式上似乎更精致；他们有机会到全球旅游，因此眼界更开阔、谈吐更能吸引人……于是，富人们仿佛众望所归地当上了"成功"的代言人。

对于无法成为富翁的人，"成功"的通道变得无比狭窄。《圣经》中说要进入天国的"窄门"很难，而富人想进天国就像把骆驼穿过针眼还难，但是今天的情形却不同。无法或无意赚取足够多的财富的人，不管自我标榜多么清高，多么不在乎，在今天这样的话语氛围里，几乎都只能被贴上"失败者"的标签。有人敢轻视金钱？那一定是仇富，酸葡萄。能够自立、拥有自尊就算不错？典型的阿Q心理。小日子过得安稳也能叫成功？开什么玩笑！

成功概念正在被富人们修改，而要实现成功概念的意义偷渡，富人自身是孤掌难鸣的。他人的意向很重要。一个歌星如果没有成千上万名疯狂尖叫的拥趸，他根本无法牛气冲天。富

人膨胀为"成功人士",又通过广告传媒锁定为一个最具渗透性和诱惑力的价值符号,是因为符号背后有无数双渴欲的眼睛。太多的人参与到了那个"致富即成功"的神话建构中。只要你对有钱人流露出羡妒的眼神,只要你哀叹自己不够富有的现状,也就在帮助富人建立他们"成功人士"的骄傲感,也就进一步使自己沦落到失败者的境地。

然而说到底,所谓的"成功人士"不过是一种身份修辞术的产物罢了,就像化妆,打扮得再光彩照人也只是在场面上给人看看的,卸妆以后终究会露出粗俗平庸的本来面目。"成功"这个概念本来就是朴素的,它绝不专属于化装舞会里的虚荣皇后、名利战场上的得意赢家。那些精于"聚财之术"却无意于"散财之道"的富人,已经得到了太多的宠爱和骄纵。然而,网语说得好,"出来混,总是要还的",被过度透支的羡慕和尊崇也是会追回的。当价值的迷雾散去,人们回过味儿来,成功可能会回到更接近其本义的位置上,就像那个英文单词 fulfillment:在努力之后获得圆满感、实现感。如此,向往成功就会从心底里尊重劳动,即使那劳动非常卑微;就会尊重创造,即使那创造未必能够致富;就会尊重自由,即使自由的代价是一无所有。

树林里的上帝

◎ 史铁生

　　人们说，她是个疯子。她常常到河边那片黑苍苍的树林中去游荡，穿着雪白的连衣裙，总"嘀嘀咕咕"地对自己说着什么，象一个幽灵。

　　那儿有许多昆虫：蝉、蜻蜓、蜗牛、蚂蚱、蜘蛛……她去寻找每一只遇难的小虫。

　　一只甲虫躺在青石上，绝望地空划着细腿。她小心地帮它翻身。看它张开翅膀飞去，她说："它一定莫名其妙，一定在感谢命运之神呢。"

　　几只蚂蚁吃力地拖着一块面包屑。她用树叶把面包屑铲起，送到了蚁穴近旁。她笑了，想起一句俗话：天上掉馅饼。"它们回家后一定是又惊又喜。"她说，"庆祝上帝的恩典吧！"

　　一个小伙子用气枪瞄准着树上的麻雀。她急忙捡起一块石

子，全力向树上抛去。鸟儿"噗楞楞"飞上了高空……几个老人在河边垂钓。她唱着叫着，在河边奔跑，鱼儿惊惶地沉下了河底……

孩子们猫着腰，端着网，在捕蜻蜓。她摇着一根树枝把蜻蜓赶跑……这些是她最感快慰的事情。自然，这要招来阵阵恶骂："疯子！臭疯子！"但她毫无反应。她正陶醉在幸福中。她对自己说："我就是它们的上帝，它们的命运之神。"

然而，有一种情况却使她茫然：一只螳螂正悄悄地接近一只瓢虫。是夺去螳螂赖以生存的口粮呢？还是见瓢虫死于非命而不救？她只是双手使劲地揉搓着裙子，焦急而紧张地注视着螳螂和瓢虫，脸色煞白。她不知道该让谁死，谁活。直至那弱肉强食的斗争结束，她才颓然坐在草地上，"我不是一个善良的上帝。"她说。而且她怀疑了天上的上帝，他既是苦苦众生的救星，为什么一定要搞成这你死我活的局面？

她在林中游荡，"嘀嘀咕咕"的，象一个幽灵。

一天，她看见几个孩子用树枝拨弄着一只失去了螫针的蜜蜂。那只蜜蜂滚得浑身是土，疲惫地昏头昏脑地爬。她小时候就听姥姥讲过，蜜蜂丢了螫针就要被蜂群拒之门外，它会孤独地死去。蜜蜂向东爬，孩子们把它拨向西，它向西爬，又被拨向东。她走过去，一脚把那只蜜蜂踩死了。她呆呆地望着天空……

她从此不再去那树林。

感谢两棵树

◎佚 名

一个年轻人，从小就是人见人爱的孩子。上学时是三好学生、班干部，初二那年参加全国奥数比赛，获得一等奖。

17岁不到，他就被保送到某大学深造。命运在他接到大学录取通知书那年的暑假，给他开了一个不大不小的玩笑：一次过马路时，一辆飞驰而来的车辆无情地夺去了他的双腿和左手。面对这飞来横祸，他没有被打倒，最终凭着惊人的毅力自学完全部大学课程，后来又创办了自己的公司，成为一家拥有上千万元固定资产的私企老总，并当选为市里的"十大杰出青年"。那天去采访他，问他如何克服难以想象的惨痛折磨，取得今天的成绩。

完全出乎我的意料，他最想感谢的既不是给他巨大关爱的父母，也不是一直鼓动和支持他的朋友。面对我的提问，他极

快地回答：我要感谢两棵树！

遇到车祸之后，对从小就出类拔萃、自尊心极强的他来说，不啻为世界末日的来临。看看自己残缺不全的身体，他痛不欲生，感到一生就这样毁了，人生再没有什么值得追求的目标和意义，一度想要自杀。即使在医院听到远远从街上传来的一两声汽车喇叭声，也能引起他的烦躁和不安，情绪极不稳定。为了让他散心，转移一下注意力，在他出院以后，家人特意把他送到乡下的姑妈家静养。

在那里，他遇到了决定他生命意义的两棵树。

姑妈家住在一个远离城市的小村子，宁静、安逸，甚至有些落后。他就在姑妈的小院子里，每天吃饭、睡觉，睡觉、吃饭，一天天地打发着他认为不再宝贵的时光，人也更加灰心丧气和慵懒下来。一晃半年过去。

一天下午，姑妈家下田的下田，上学的上学，仅他一人在家。百无聊赖的他，自己摇动轮椅走出了那个小小的院落。

就这样，似有冥冥中的安排，他与那两棵树不期而遇。

那是怎样的两棵树啊！在离姑妈家五六十米的地方，有两棵显得十分怪异的榆树，像藤条一般扭曲着肢体，但却顽强地向上挺立着。两树之间，连着一根七八米长的粗粗的铁丝，铁丝的两端深深嵌进树干里。不，简直就是直接缠绕在树里！活像一只长布袋被拦腰紧紧系了一根绳子，呈现两头粗、中间细的奇怪形状。

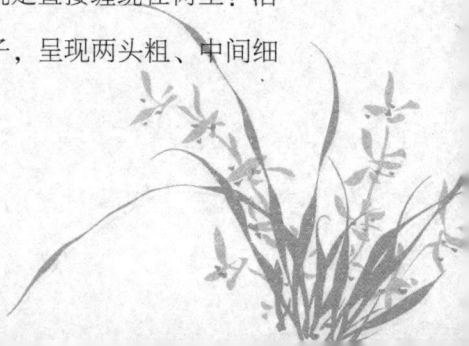

　　见他好奇的样子，一旁的邻居主动告诉他，起初是为了晾晒衣服的方便，七八年前，有人在两棵小榆树之间拉了一根铁丝。时间一长，树干越长越粗，被铁丝缠绕的部分始终冲不出束缚，被勒出了深深一圈伤痕，两棵小树奄奄一息。就在大家都以为这两棵榆树再也难以成活的时候，没想到第二年一场冬雨过后，它们又发出了新芽，而且随着树干逐渐变粗，年复一年，竟生生将紧箍在自己身上的铁丝"吃"了进去！

　　莫名地，他的心被强烈地震撼了：面对外界施加的暴力和厄运，小树尚知抗争，而作为一个人，又有什么理由放弃对生活的努力呢！面对这两棵榆树，他感到羞愧，同时也激起了深藏于内心的那份不甘——只见他用自己仅存的右手，艰难地从坐了半年多的轮椅上撑起整个身体，恭恭敬敬地给那两棵再普通不过，却又再坚强不过的榆树，深深鞠了个躬！

　　很快，他便主动要求回到城里，拾起了久违的课本还有信心，开始了属于自己的新的生活。

　　听他平静地讲完这段故事，我长久无语。

家

◎ 史铁生

宇宙无边，地球广阔，时有风雨袭来，烈日曝晒，故不得不寻一有限之地，立以四壁，覆以顶盖，日落避于其中，日出游乎其外，这就是家吗？也可能是旅馆。备好丰足的衣食，装上成套的电器，窗外四季更迭，室内全无寒暑；排布开精美的家具，点缀些字画、古董，或再有高朋满座，窗外月黑风高，室内其乐融融，这就是家了吗？仍可能是饭店。

把家打扮成饭店、旅馆，像是从贫穷走向富裕的一个必经阶段，艳羡的眼睛已然睁开，审美的心情尚无归处。陈村曾跟我说：你要装修吗？记住，只为方便自己，勿图偶尔一来的客人叫好。又听人讲起一对富裕了的夫妻，满打满算两口人，却偏要买下二百多平方米的豪居，初时客人不断，来道喜、来恭维，时间一久谁还老来呢？于是一到周末两口子就慌，恐豪居

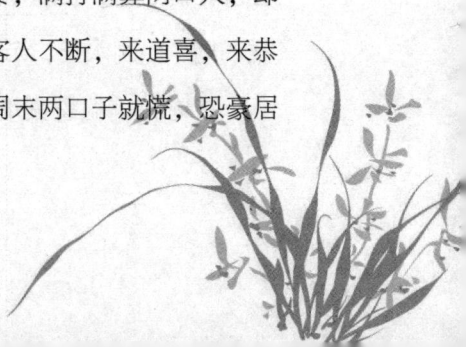

闲置，便东一个电话西一个电话地求人来："来吧来吧，一切都预备好了！"岂不是饭店吗？且有一男一女两位侍者。

谁会在家门前挂一排霓虹灯呢？家有家的语言，比如一张老床，默然说着一个家族的历史。比如所有的家具都不配套，形色不一，风格各异，便可回忆起历历如新的诸多往事。比如一个谈不上多么美妙的小器物，别人不理会，只你和你的家人知道它所含的纪念，视为不可亵玩的圣物。家是模仿不来的，一模仿就又是饭店，就又是"宾至如归"。家，一俟你走向它，便会听见它的召唤；一俟你走到它近前，便会闻到它的气息；你一推开家门，心里便会有一个声音："噢，家！我回来了。"家说："喂，你还好吗？"你就甩掉鞋帽，甩掉衣裳，甩掉你在外面的世界不得不钻入其中的那一套行头，露出原形（不单指身体）——这也是一种语言，是你对家的报答，是对它由衷的信任和感激。

即便单身，也得有家，不能总去街上乱走；即便用不着起火落灶，你总也得有一处安魂入梦的地方。家其实不限于空间，家更是一种时光，一种油然而生的心绪。此时此地与此心，可以清理你的秘密，不拘一格地思想，想入非非。正如你可以随意躺倒，肆意欢叫，不必再让微笑堆痛你的脸。你可以独享你的心情，独享你的智慧和想象，因而家又忽然地可以穿透四壁，山高水长，无边无际地扩展。

单有精美的家具堆在身边，你担不担心这儿可能是家具

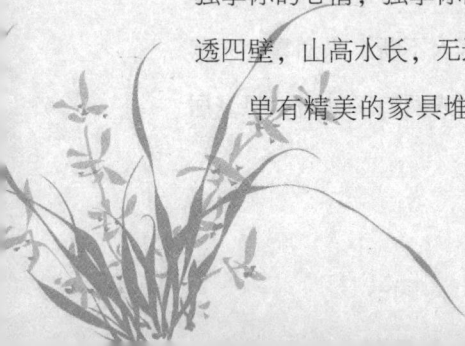

店？单有价值连城的古董摆在四周，你怀不怀疑这儿可能是博物馆？就比如一群妖艳女子整天伴你左右，你怕不怕这儿会是红灯区？家，正是要消除你的这类恐惧。家徒四壁也依然是容纳你的躯体又放纵你的心情的地方，是陪伴你的欢乐又收容你的痛苦的地方。设若只你一人，有些孤独，你不妨扭亮台灯，翻开书，踏踏实实地听一回先哲的教诲，那一刻便也是回家的感觉。或不妨铺开纸，随心所欲，给一位心仪已久的人写封信，于是乎某一条邮路上便都是家的消息。这其实就是写作了，写作就是写给心仪已久的人呀，尽管你不知道他们是谁，位于空间的何处。

　　竞争是件好事，否则人间不免寂寞。但为什么一定要比着豪华呢？不可以比着简朴吗？享受更是无可非议，但是，人终于能够享受的只是心情和智慧，借助倾诉与倾听。所以，就祝愿所有的家至少有两个人，相知相爱的两个人。一个电话又一个电话地为那空旷的豪居呼救，冤哪！

生命无非记忆

◙ 赵 晓

  有一天，一位朋友问我：作为经济学者，你分析了好多生命的行为和现象，包括情感与审美，可是你自己如何看待自己的生命呢——我指的是，完完全全来自个体的，与你的教育和文化无关的生命。能不能告诉我一些你的生命体验？

  这是个非常难回答的问题，难，就难在准确地捕捉住自己的生命体验和状态。

  对我来说，生命中绝大部分的所遇所思不过像蒲公英一样，飘然而来，飘然而去，全然不留一丝痕迹。但生命中，也有一些东西，像风雨过后的泥土，先被冲刷，渐渐沉淀，直至融入生命的最深层。多年以后，即使细节全然忘记，记忆却更见鲜明。

  它们是生命火山中的岩浆，流出后凝固成石头，再成为我

生命河床中最坚硬的底部。

年岁愈长愈清楚地知道，这些记忆就是我的生命，生命无非记忆。

母亲，是记忆河床中最温馨、挚爱的部分，牢牢占据着我记忆的中心，却不敢轻易碰，不敢写一字。因母亲太苦了，我是她最钟爱的小儿却未曾有过滴水的恩报。

涤去许多酸甜苦辣，我愿记取母亲在冬去春来的日子，利落地抱满怀棉被拆洗、晾晒。那样的日子，春日的花朵格外美丽，天空的太阳格外温暖，浆洗的棉被上太阳的清香至今仍让我回味无穷。日子悠长，康健的母亲竟阔别我已达 13 年之久。

童年，是生命记忆河床中最欢快的部分。青山绿水、蓝天白云，春有百花秋有月、夏有凉风冬有雪，上山可摘果，下河可摸鱼，只道是欢歌无限，又道是梦中天堂。

多少年了，童年的一草一木却像刻石一样永不忘怀。就像沈从文梦中的湘西，白塔、黄狗以及翠儿。

后山是我儿时的最忆。有参天的枫树，在风雨夜它们会呼啸作响，让人惊恐。但在平时，我和小伙伴们尽可纵情嬉戏、捉迷藏、奔跑，痛快地消耗和生长着童年时的力气。

我从未上过幼儿园，但后山对我来说胜过天下所有的幼儿园。事实上，后山已入我灵魂。我，注定永远是那个后山少年，在尘世与城市却不过是匆匆过客而已。

所可叹者，童年的伙伴早已不见踪影。在那个下放的岁

月，我几乎是村里唯一的男孩。说唯一，是因为村里还有一个哑巴兼傻子的男孩。与我年龄相仿的女孩倒有五位之多。一起上学时，我便成了这五朵金花中唯一的绿叶。

记忆中这五位女孩都很能干，活泼可爱。可惜，自我上高中开始，她们竟一个个早早嫁人，而我未及对任何一个道声祝福。

上学后，不能磨灭的记忆亦有许多。奇怪的是，原来以为很重要的一些事已变得不重要，原来并不看重的一些事在记忆中却如火星般闪烁。

读周作人，才知道初恋原可是不经表白的青春骚动，并发现自己可能也是有过初恋经历的。只是当时的表达方式格外奇特：明明心里对一个女孩子有好感，却故意找茬和她吵架，看她红颜皓齿因生气而格外有生气。

某一年的一个冬天，我自外地来到县城车站转车回家，竟不期而遇阔别的她。彼时的她是位怀抱小儿的年轻母亲。我拿出从上海买的大红苹果送上，她竟全然不问不顾小孩，独自痛咬起来，眼中泪光盈盈。我无言以对，落荒而逃。

一切都已老去，包括这样的纯洁与有趣。就像一条远帆的船，我已飘离童年和故乡远矣。只是，在午后、在黄昏、在子夜，如许的记忆却会时常泛起，让我嗓子发干、难以动弹，惆怅莫名。

我们在人世的日子原本苦短，就如同影儿飞过。传道者

说，"虚空的虚空，凡事都是虚空。"所幸有这些记忆，它们是我生命中的记忆珍宝。

我会提醒我自己，往事如风，生命真的就是残留的记忆，除了这些真挚的东西值得收藏外，所有的一切都会不留痕迹的。

因此，不必太过看重和强求。这大概与追求利益最大化的经济人有点远，而与随遇而安的寻求次优选择的有限理性人比较接近吧！

分享雅致生活（节选）

◎（美国）斯托达德

如果我们在生活中坚持创造富有意义的个人情趣，那么我们就能够摆脱乏味的日常生活，丰富自己的经历，提升自己的品位，同时还能给身心带来舒适和安宁。情趣为我们创造了领悟生活真谛的机会，使我们有机会欣赏和创造美，使我们珍惜生命中的每一天，使我们拥有无数美好的回忆。长此以往，生活中的平庸琐碎之事将被渐渐淡忘，留在脑海中的只有具有积极意义的特殊时光。

情趣本身是令人愉快的，此外它还能鼓舞我们的精神。个人情趣的最大好处就是让我们学会"分享"——高尚的情趣能让你以一种更加随和、更加开放的姿态去面对他人。

等我们的朋友一切如意时，我们会为此而欣喜；同样，当朋友遇到问题时，我们也会为他担忧，感到不安。当我们为自

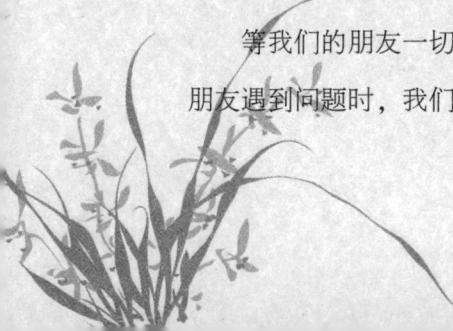

己办事的时候，不妨将别人也考虑进去：下次烤核桃时，多烤一些包好，第二天与朋友共进午餐时送给他们；当你发现一种自己特别喜欢的葡萄酒时，记得多买一瓶，用丝带系好送给朋友；下班回家的途中路经朋友家时，在门上搁几张风景明信片，上面写上"想你"；参观完一个很棒的博览会后，别忘记拿一本展览目录送给年老而不方便出门的朋友。

与他人分享生活能够为我们增添快乐，减少悲伤。当我们的个人生活充满情趣之后，自然应该与他人分享。我们的个人生活越丰富，我们拥有的自尊越多，我们给予别人的东西就应该越多。而通过与别人分享，我们又能实现我们内心所追求的价值。在日积月累之下，生活情趣会帮助我们充分利用自身的天赋。分享需要参与，当我们与他人分享生活时，我们将自己的一部分才能也赋予了别人。

分享意味着彼此共存，共同的兴趣爱好能帮助人们维持一种积极进取、相互分享的关系。在分享生活时，如果我将内心的一部分展现给另外一个人，我必然也希望那个人有着相似的心灵。我们可以在具体的计划中协作，也可以了解彼此的目标、信仰、希望和梦想。

无论是与别人一起看日落，一同郊游，共进晚餐，还是一起欣赏芭蕾舞剧或艺术展览，分享可以使我们的这些经历更加刻骨铭心。同时，使我们的心胸更加开阔，理解能力也得到加强，从而能够更好的学习和成长。分享沉默尤其来之不易。

只有当两个人之间情感真挚，并能彼此信任时，他们才能分享沉默。

生活中少不了朋友。成为别人的朋友是一份礼物——我们向朋友回馈友谊。我们对朋友的关爱并不能以相处的时间长短来衡量。朋友让我们有机会敞开心怀，同时又保持真诚和敏感。哲人们建议我们用美好的情感去充实朋友的生活，因为友谊是社会交往中最完美的境界。

虽然分享生活情趣不一定会成功——别人也许会不接受，但仍然值得我们试一试。我们可以与他人分享物品，也可以分享无形的精神或思想。分享是一个过程，它应该成自然而然的日常习惯。当我们与他人沟通时，我们自己也成了更广阔世界的一部分，我们的生命也会具有更加深刻的意义。我们能感受到整个世界，同时整个世界也感受到了我们。

分享是一种习惯，只要我们去做，就能够进步。"给予"是一种乐趣，但如果我们形成了自己的风格，我们就能够领略到"给予"具有更加深刻的内涵——它能丰富我们的人生。只要我们乐于与他人分享生活，生活中的每一天都会变得不同寻常。

汉娜的旅程

⊠ 佚 名

凯姆结束漫长的旅途后，又回到这家旅馆，熟识的店主人一家人含着泪迎接凯姆。

"……你终於回来了……"

从她们的语调跟眼泪，凯姆察觉到……

分别的时刻就要到了。

太快了。不过凯姆心理早就知道这一刻总会到来，而且绝对不会太远。

凯姆上次要离开旅馆前，她寂寞地笑着对凯姆说："我可能再也见不到你了。"

躺在床上的她，脸上的笑容苍白又略带透明、虚幻。她是那么地脆弱，也因此有种难以形容的美丽。

"我能见汉娜吗?"凯姆问着。

旅馆店主人轻轻地点头说："可是……我想她已经认不出你了。"

从昨晚开始，汉娜紧闭的双眼就没有再睁开过。她安静地躺着，只有从胸口微微的起伏才得以一窥她的气若游丝，但没有人知道这口气什么时后会停止。

"难得凯姆回来一趟，她却变成这样子……真遗憾……"

女主人的眼泪又滴了下来。

"没关系。"

凯姆说着。他见过不少人临终的样子，因此他知道，人在面对死亡的那一瞬间，首先失去的是说话的能力，接着丧失视力，但会留下听力。也就是说，人到了最后一刻，只剩下耳朵还有作用。因此，失去意识了人在家属的呼唤下露出笑容或掉下眼泪，是常见的情形。

所以……

凯姆搂着女主人的肩膀说："我有很多旅行的故事。"

"我在旅行时，一直期望能够告诉汉娜这些故事。"

女主人不但没有露出笑容，眼泪反而掉得更凶，然后点头哽咽地说：

"汉娜真的很期待，她真的很想听凯姆说故事呢……"

"凯姆，原本应该要等你休息够了再去看她，但是……"

凯姆打断满脸歉意的女主人的话：

"我现在就去看她。"

时间已经所剩无几。

旅馆店主人的独生女汉娜，可能在明天天亮前就会咽下最后一口气。

凯姆把行李放在地上，轻轻地打开汉娜的房门。

汉娜生来就体弱多病。别说旅行了，她连自己出生、成长的城镇……不，她甚至连家里附近都没有去过。

这孩子可能无法长大成人……

医生当初对他的父母这么说。

小女孩生下来就像洋娃娃一样美丽，但上天却赐予她悲伤的命运。

或与是上天想要弥补自己的惨忍，所以让她投胎成街旁小旅馆店主人的独生女吧。

汉娜哪也去不了。

可是，之前投宿的客人，都会告诉汉娜关于她不认识的那些国家、城市、风景和人们的各种故事。

只要有新客人到旅馆，汉娜一定会问：

"先生，你是从哪里来的？" "你要去哪里呢？"

"先生，请告诉我有趣的故事。"

每当客人说起自己旅行的故事时，汉娜总是双眼发亮地认真聆听着。

她会热切地问："然后呢？然后呢？"来催促客人继续讲下去。当客人要离开旅馆时，她还会缠着他们说："你还要再

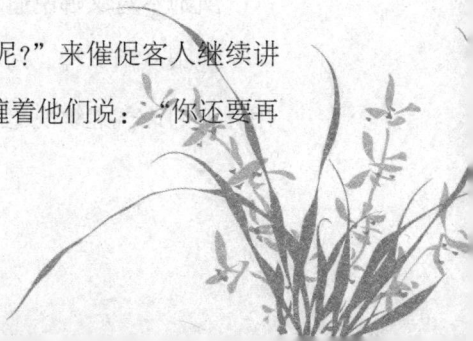

来喔！你还要跟我说好多好多遥远国家的故事喔！"

然后她会对即将离开的客人猛挥手，直到再也看不到他们的背影为止，才寂寞地叹口气，回到床上去。

汉娜还是在昏睡。

房里没有其他人，也许这就表示她已经病入膏肓，连医师也束手无策了。

凯姆坐在床旁边的椅子上笑着说："嗨，我回来了。"

汉那没有回应。她那瘦小平坦的胸膛，微微地上下起伏着。

"这次我到了海的另一端，也就是太阳浮出海面的那一边。从这房间的窗户看出去，可以看见一座山，我在比那座山更遥远的港口上船。从满月开始缺角，到海洋与天空……汉娜，你能想像吗？虽然你没看过海，但应该有很多人告诉过你吧？海洋就是一个无边无际的超级大水池喔。"

哈哈……凯姆自己都不禁笑了。汉娜苍白的脸颊似乎也轻轻抽动了一下。

她听得到。虽然她不能说话，也看不到，但还听得见。

凯姆相信她听得见，也祈祷这是真的。凯姆继续说着旅行的故事。

凯姆不对汉娜说道别的话语。

他跟从前一样，对汉娜露出其他人从没看过的温和笑容，用开朗的语气继续说着故事，有时还会搭配手势跟肢体语言。

他说着蔚蓝的海洋，说着湛蓝的天空。

但他不说海上发生的激烈喋血事件……

他总是略过这种事。

凯姆第一次投宿到这间旅馆时，汉娜还是个小女孩。

"先生，你是从哪里来的？"她用口齿不清的童音问着。

"可以说很多故事给我听吗？"当她对凯姆露出天真的笑容时，凯姆觉得心中燃起了一盏虽小却明亮的灯。

那时，凯姆刚从战场回来。

不，应该说，他刚打完一场仗，

正要前往下一个战场。

直到现在，他的生活还是从一个战场到另一个战场……

他杀敌无数，也看过数不尽的同袍战死。可是，成为敌人或同袍完全取决於命运。如果命运的齿轮转向另一个方向，或许敌人就会变成同胞，同胞就会变成敌人。这就是佣兵的宿命。

凯姆的心灵空虚、无比孤独。拥有无尽生命的凯姆，并不恐惧死亡。但也因为如此，每个士兵因恐惧而扭曲变形、痛苦断气的神情，全都永远烙印在他的脑海中。

旅行中的凯姆，通常利用酒精来渡过夜晚，试图用酒醉来麻痹自己……或者，他只是假装喝醉，强迫自己忘记无法忘却的事情。

可是，当笑着缠着凯姆的汉娜说："喂，你旅行很久了

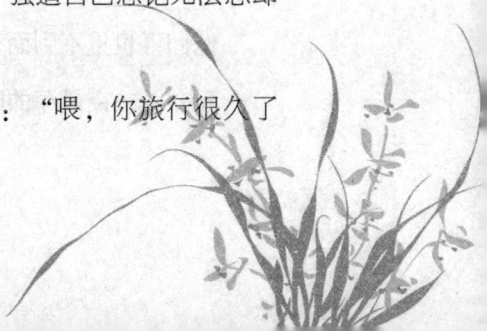

吧？告诉我很多我不知道的事情，好吗？"凯姆觉得自己得到了比酒醉更深、更温暖的安慰。

于是凯姆开始说……

战场上看到的一朵美丽花朵……

开战前夕的夜晚，被浓雾笼罩的森林美景……

战败逃到峡谷时，喝到的甘甜涌泉……

战争结束后，一望无际的晴空……

凯姆从来不说悲伤的事，也不说战场上看到的丑陋人性。他隐瞒自己是佣兵的事实，也从不回答自己为何总是不断地旅行的问题，只是继续说着关于美丽、可爱、美好的事物。

他这么做，不只是为了纯真的汉娜，他也是为了自己才不断地说着这些美好的故事。

直到现在，他还是这么认为着。

投宿汉娜家的旅馆已经成为凯姆生命中小小的乐趣。他告诉汉那种种关于旅行中的回忆，而在叙述的同时，他觉得自己或多或少也得到了某种程度的救赎。

五年、十年……凯姆跟汉娜的友谊没中断过。这段岁月里，汉娜慢慢地长大成人，不过就像医生所预测的，死亡也一天天地逼近了。

所以，现在……凯姆说完了最后一个旅行的故事。

他们再也见不到面，凯姆再也不能说故事给她听了。

天亮前，夜最深的时刻，

汉娜呼吸的间隔越来越长了。

在父母跟凯姆的陪伴下，汉娜微弱的生命之光就快熄灭了。

而凯姆心中那盏微弱的灯，也要跟着熄灭了。

从明天起，凯姆又要继续孤独的旅行……

没有终点，漫长无比的旅行。

凯姆轻轻地说：

"汉娜，你马上就要出发去旅行了。你会去一个从没有人告诉过你，也从来没有人能完全了解的世界。你终于可以离开床铺，迈开脚步自由自在地出发到任何地方了。"

凯姆想告诉她，死亡并不悲伤，而是交织着泪水的喜悦。

"这次轮到汉娜了，你要把旅行的回忆告诉大家喔！"

汉娜的父母总有一天，也会出发前往同样的旅程。

汉娜总有一天会在天空的另一端，跟所有他遇过的客人会合。

但是……我去不了那里。

我逃不出这个世界。

汉娜，我再也见不到你了。

"这不是永别，你只是出发去旅行而已。"

凯姆说了最后一句话。

"后会有期。"

这也是最后的谎话。

汉娜启程了。

她的脸上露出安详的微笑，

就像出门前跟家人说"我走了喔"一样。

最后……

汉娜再也不会睁开的眼睛，缓缓留下一行泪水。

目　光

◙ 李汉荣

据说目光是有重量、有质量的。

我经常体会着目光落在身上或者心上的那种灼烫感、尖锐感、潮湿感、温暖感、压迫感。

当我们记起某种感情时，回忆的筛子就在意识的深海里打捞起一缕一缕目光，于是我们忆起了目光后面的某一双眼睛，温柔的、潮湿的，或热烈的。

当我们记起某些往事时，未必能摸索到具体的场景和情节，事件已经淡成云雾，但是，隐约在事件上空的那些目光，往往如同闪电，已经扎根在过去的夜幕上。

当我们记起某个思想时，总是在一个眨眼的瞬间。一眨眼，突然眼前亮了起来，心中的某个角落亮了，精神的某个房间亮了，于是我们重新进入这个思想，并被这个思想照亮。为

什么一眨眼间，就重逢某个思想？那是因为，一眨眼间，我们的眼睛记起了某目光，沉思的、焦虑的。顿悟的。狂喜的。澄明的。而那思想，正是由这样的目光浇铸而成。目光的重量，远远大于我们的体重。其实，我们的身体，我们身体里面的那颗心，正是收藏和贮存目光的库房。

所以，当我们老了，越来越轻的身体里，却感受到越来越多的沉重。那些好的目光，如宝石珍珠，存放在内心最重要的房间，我们经常于静夜抚摸它们，被它们再次照拂，同时又为无法再次回到那些眼睛面前表达谢意和敬意，而感到遗憾和痛心；而那些不好的目光，阿一地、冷漠的，虽说时间已经稀释了他们的分量，然而这记忆还是时常被他们袭击。假如你能勘探你身体内部的江河湖海和崇山峻岭，你将惊异于浩瀚的沉积和收藏，而藏的最深。保鲜保真最好的，正是那一脉脉、一束束、一道道目光。

我们的体重之外，更多的，也更重的，是身体内部储藏的目光的重量。

人生的质量，除了身体的质量，更重要的的，是身体内部储存的目光的质量。

圣人体内，一定存放着高质量的目光。这样的目光，如水，如雪，如虹。如星、如月、如雨、如纯棉，如黑夜的灯，如冬日的炉火，如妩媚的青山，如雨后的草叶如月光里展开的大海那深邃的沉思和悲悯，如闪电穿透长夜又谦卑地消融于长

夜……我读《论语》，读《庄子》，读佛经，读列夫·托尔斯泰，都读到了一束束目光，他们眼睛里的目光，以及他们内心里储存的目光。圣人从目光的丛林中走过，从生灵的泪雨血河里趟过，他们的 眼睛望见了苦海的深处，望见了生存莽原上伤痛的背影。同时，他们的眼睛又与长夜远处、星空高处某个神圣的目光对接，于是，一种深达海底又接星辰的伟大心胸展开于他们体内，发自于人的内心却蕴藏了宇宙般深广思想和爱意的目光，终于降临世间。

于是，我经常问自己：

你的体内该存放怎样的目光？你渴望收藏的那些好的目光是在陆续凋零，还是在陆续生长？你如何在紫外线等有害射线频频伤害的大地上，捕捉并珍藏那些美好的光线？穿过日渐破败的森林，你怎样寻找种子那暗淡的目光，在长久地与它对视之后，你是否播种它，并祈祷在雨过天晴的早晨，看见一株嫩芽，噙着泪珠，表达着胆怯的希望？

我又该向生活，向历史，向覆盖着坟墓、陨石和青草的土地，投去怎样的目光？我该向那瘦瘦的溪流、细细的泉眼投去怎样的目光？你看，那朵小小的芨芨草花就要开了。仿佛一点粗暴的声音都会让它熄灭，我该怎样以温柔的目光注视它仅有的几分钟的童年？无家可归的燕子，怯怯的降落在我的阳台，怯怯的，以公元前的方言，试探我的心思，试探我对春天的态度，我该用怎样的目光问候它或者冷落它？欢迎它或者拒绝

它？我该向那山路上跋涉的身影，投去怎样的目光？我该向雨夜里的灯火，投去怎样的目光？我该向一直在深夜里最高处凝视我的那些神圣的星星，投去怎样的目光？我该向那一天一次大出血。每一天都怀抱爱的火焰而死去的壮美的夕阳，投去怎样的目光？我看见我的不远处安静的站立着的那棵柳树，它的每一根手指都在传递一种古老而单纯的情思，它嫩绿的眼神，那点化过得《诗经》、照拂过唐诗、抚慰过宋词的眼神，又投递到着僵硬的水泥地板上，投递到被电线缠绕被塑料包装了的生活身上，投递到被商业操纵被数字组装被技术复制的文化身上，投递到落满高分贝尖叫声的我的小小的身体上和心上，那么，我该向它投去怎样感恩的目光？

是的，我收藏着来自历史、来自自然、来自生活、来自人群的各种各样的目光。

同时，我投去的目光，也将被收藏，被某棵树收藏，被某朵花收藏，被某条河流收藏，被某盏灯收藏，被夜半的某颗星收藏，被近处或远处的某个心灵收藏。

就这样，我们的目光，改变着白昼的光线，也改变着夜晚的品质，甚至，或多或少地，改变着宇宙的质量……

灵魂的在场

◎ 周国平

　　人皆有灵魂，但灵魂未必总是在场的。现代生活的特点之一是灵魂的缺席，它表现在各个方面，例如使人不得安宁的快节奏，远离自然，传统的失落，人与人之间亲密关系的丧失，等等。因此，现代人虽然异常忙碌，却仍不免感到空虚。

　　一个人无论怎样超凡脱俗，总是要过日常生活的，而日常生活又总是平凡的。所以，灵魂的在场未必表现为隐居修道之类的极端形式，在绝大多数情形下，恰恰是表现为日常生活中的精神追求和精神享受。能够真正享受日常生活并不是一件容易的事。尤其是在今天，日常生活变成了无休止的劳作和消费，那本应是享受之主体的灵魂往往被排挤得没有容足之地了。

　　日常生活是包罗万象的，包括工作与闲暇、自然与居住、

独处与交往等。在人生的所有这些场景中，生活的质量都取决于灵魂是否在场。

在时间上，一个人的生活可分为两部分，即工作与闲暇。最理想的工作是那种能够体现一个人的灵魂的独特倾向的工作。当然，远非所有的人都能从事自己称心的职业的，但是，一个人只要真正优秀，他就多半能够突破职业的约束，对于他来说，他的心血所倾注的事情才是他的真正的工作，哪怕是在业余所为。同时，我也赞成这样的标准：一个人的工作是否值得尊敬，取决于他完成工作的精神而非行为本身。这就好比造物主在创造万物之时，是以同样的关注之心创造一朵野花、一只小昆虫或一头巨象的。无论做什么事情，都力求尽善尽美，并从中获得极大的快乐，这样的工作态度中的确蕴涵着一种神性，不是所谓职业道德或敬业精神所能概括的。度闲的质量亦应取决于灵魂所获得的愉悦，没有灵魂的参与，再高的消费也只是低质量地消度了宝贵的闲暇时间。

在空间上，可以把环境划分为自然和人工两种类型。如果说自然是灵魂的来源和归宿，那么，人工建筑的屋宇就应该是灵魂在尘世的家园。无论是与自然，还是与人工的建筑，都应该有一种亲密的关系。空间具有一种神圣性，但现代人对此已经完全陌生了。对于过去许多世代的人来说，不但人在屋宇之中，而且屋宇也在人之中，它们是历史和记忆，血缘和信念。

正像有人诗意地表达的那样："旧建筑在歌唱。"可是现在，人却迷失在了高楼的迷宫之中，不管我们为装修付出了多少金钱和力气，屋宇仍然是外在于我们的，我们仍然是居无定所的流浪者。

说到人与人的关系，则不外是独处和社会交往两种状态。交往包括婚姻和家庭，也包括友谊、邻里以及更广泛的人际关系。令人担忧的也是人与人之间的亲密关系的消失。譬如说，论及婚姻问题，从前的大师们关注的是灵魂，现在的大师们却大谈心理分析和治疗。书信、日记、交谈——这些亲切的表达方式是更适合于灵魂需要的，现在也已成为稀有之物，而被公关之类的功利行动或上网之类的虚拟社交取代了。应该承认，现代人是孤独的。但是，由于灵魂的缺席，这种孤独就成了单纯的惩罚。相反，倘若灵魂在场，我们就会体验到独处时的充实，从而把孤独也看做人生不可缺少的享受。

开往春天的列车

◎ 曾有情

列车不知疲倦地飞速奔驰。因为没有买到卧铺票，坐硬座的我早已疲倦和难受。作为惟一的消遣，我的目光只有与一本杂志里的文字亲密接触，一页页地翻着流动很慢的时光，偶尔拿起小桌上的矿泉水，小呷一口，徐徐咽下。其实，我并不渴，只是借矿泉水的凉爽来驱逐睡意，白天提前支取了睡眠，无梦的夜晚该如何熬过？

一篇文章几乎没在我脑里留下什么印象，便慢吞吞地到了最后一个句号。我抬起头，习惯性地去拿那瓶矿泉水，这时，我看见一个十一二岁的小女孩站在我对面的坐位旁，目光死死地盯着我，活像一尊技艺拙劣的雕塑。她衣服样式很土，上面布满汗渍和污垢，手里攥着一个肮脏的编织袋，里面鼓鼓地装着什么。

大约半个多小时过后，当我再次取矿泉水时，我发现"雕塑"仍立在原处，那个鼓着肚子的编织袋已经塞到了座椅下面。她目光像一缕从窗户外照射进来的阳光，依然洒在我的身上，眼神里蕴藏着一种让我不解的东西，很浓烈，很急迫。于是，我琢磨她一定是在等座位，车厢里人很多，没有一个空位。我便暗想：老瞧着我干吗？我到终点站北京，等我为你腾位置你找错人啦。

我在"雕塑"的守望下照常看我的杂志。又一次喝水解困时，我见小女孩还站着，只把后背斜靠在对面的座位旁，手里捧着一本皱皱巴巴的书。我瞅了一下封面，是小学四年级的语文课本。她看得极专心，嘴唇微微颤动，像是在默念课文。我慢慢注意到，只有在我每次拿矿泉水时，她才抬头看我一眼，等我重新注视杂志时，她也把目光收回课本。

过了好久好久，列车又在一个什么站停下了。邻座的男子把车窗打开，我立即感到新鲜空气扑面而来，倦意顿时一扫而光。几分钟后，列车徐徐启动，我拿起矿泉水，猛喝了一口，水已差不多见了瓶底，便顺手将空瓶向窗外扔去。此刻，对面的小女孩猛地扑过来，大声喊道："叔叔，别——"她伸手去抓我的胳膊，而空瓶已落在车外，发出一声叹息般的轻响。

我似乎还没有理解女孩的用意，她却既气愤又委屈，两行泪珠竟然跳出了眼眶："叔叔，我为了等你这个空瓶子，我都站了三百多公里了，可你……"

035

"什么？"我张大嘴巴说不出话来，万分惊讶中我终于明白，苦苦等待了数小时，整整腿脚发软地站了几百公里，她原来不是为了等座位，而是为了一个空塑料瓶，为了一个可以回收的废品，原来她的每一眼，都是在观察我什么时候能够喝完矿泉水！我有些愧疚地说："对不起，小姑娘。别哭，不就是一个空瓶子吗，不值得流泪。"

女孩一边用脏衣袖擦泪，一边说："你们这些有钱人可以随便把它扔了，可它是我的学费呀！"

我愈发惊诧，在我的经历中，我不知扔掉了多少这样那样的饮料包装瓶，可从来没有想到这些随手可弃的垃圾，竟会与学费有啥关联。好奇心让我不得不刨根问底。女孩告诉我，她家很穷，父亲因为车祸截了双腿，狼心狗肺的肇事司机逃了，没有得到一分钱的赔偿，一家人的生活全靠母亲没日没夜的劳作维持。家里实在没钱供她上学，父亲体谅母亲的难处，要她从下学期开始别再上学了，回家帮母亲一把。她坚持不肯辍学，缠着父母又哭又闹，说不让她上学还不如让她去死。父亲最后无奈地长叹道，如果你自己能找来学费你就上，找不到就别上。为了能圆读书梦，她只好趁放寒假期间，每天天不亮就到离家不远的火车站，买一张站台票混上火车，在列车上捡易拉罐、矿泉水瓶、啤酒瓶等废品，卖钱攒学费。

她每天都穿梭于铁道线上，早晨随车远去，下午或晚上再爬上返回的列车归来。午饭是从家里带来的干馍，渴了就饮别

人喝剩下的矿泉水，或者喝车上的凉水。她每天的工作流程大致是这样的：上车后，首先挨个车厢来回"巡视"几遍，把乘客丢弃的废品捡完后，便找一个能够为她提供废品的地方守株待兔。她说这样做的目的是为了抽一点时间复习功课，天天泡在车上，既要挣学费，也不能误了学习。复习一阵功课，然后她再进行下一轮全车"搜查"，如此反复。

听完女孩的诉说，我的心不仅仅是被感动，更是被强烈地震撼着，一个仅值几分钱的空塑料瓶，对于小女孩竟然有着这么大的用途，竟然关系着女孩的前程，每一个空瓶对于她来说都是一缕希望。我真的找不到什么话语来安慰她因为失去了一个空瓶而失落的心！作为一个生活十分幸福的孩子的父亲，我为另一个十分不幸的孩子感到难过，同时又对这个过早自强自立的孩子充满钦佩。我掏出二十元钱递给她，算是弥补我的过失，算是一点微不足道的献给希望工程的爱。我想女孩一定会把我当成恩人。

恰恰相反，我万万没有想到，女孩却执着地摇了摇头，怎么也不肯收我的钱。她坚定地说："叔叔，谢谢你的好意。我爸爸妈妈经常给我说，从小要学会一切靠自己，我连爸爸妈妈都不靠，更不能靠别人的施舍。我有手，我有脚，学费我一定能够自己挣来的。我不仅下学期要上学，我还要读高中，上大学！"

女孩说完，把语文课本卷成筒往裤兜里一插，躬下身子从

座位下面拉出编织袋，开始了又一轮全车废品跟踪。

望着女孩的背影，我的双眼有些湿润。好一会儿，我觉得应该做点什么，我追上一辆从我面前走过的售货小车，买了两瓶矿泉水，当即拧开瓶盖，将矿泉水哗哗倒进水池里。我看见售货员疑惑的目光冲我发愣，我听见背后有人说我神经不正常，我默然无语，只管大步穿过一节又一节车厢窄窄的过道，远远的我看见了那个小女孩。我双手高高举起矿泉水瓶向她晃动，她高兴地朝我走过来。

"叔叔，哪来的？"她激动地问。

"我帮你捡来的。"我淡淡地说。

她接过空瓶装进了编织袋。我见她脸上灿烂的笑容像一朵开的极为饱满的菊花，我庆幸我既弥补了过失，又巧妙地满足了她的自尊。

"叔叔，你真好。"说完，她提着沉甸甸的编织袋离去。

此刻，我听到她那编织袋里发出啤酒瓶、易拉罐的碰击声，那是蓬勃的希望发出的清脆的鼓点，那是灿烂的明天传来的美妙的乐曲。对于女孩来说，她踏上的每一次车，都是开往春天的列车。

听父亲说话

◎ 佚 名

"富贵是无情之物，你看得它重，它害你越大；贫贱是耐久之交，你处得它好，它益你必多。""钱多有钱多的好处，也自有它的害处，撇开命运去追求，也未必如意。""民靠官管着了，人由命管着了。"

父亲在世的时候，一有空总要和我说一会儿话。时间长了，不听父亲说话，心里就寂寞，有一种空落落的感觉。

父亲说得最多的，还是爷爷在世时那些老事。"死生由命，富贵在天啊！"经历了太多太多的人生挫折后，他得出了这种宿命的结论。爷爷是山西河曲城里一个小得再不能小的买卖人，一生信奉"勤俭"二字，虽然娶的是大户王家的女儿，但从没生过依赖丈人家的念头。他不羡慕富得流油，也不甘心穷得要命，就相信一条：大富由命，小富由勤。所以，挑

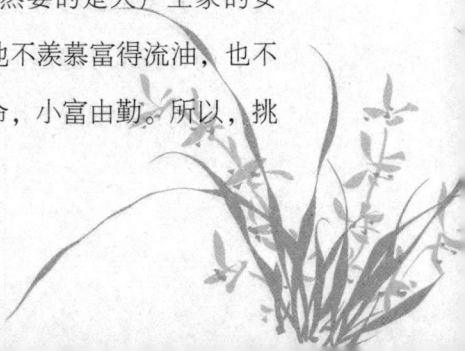

些针头线脑、小吃小喝，从天亮明跑到漆死黑，即使一两分钱的蝇头小利也不放过。父亲说在他的记忆中，打小就没睡过一个囫囵觉，每天天还黑乎乎的，爷爷就给他和姐弟们吩咐活儿干，有时睡不醒犯困误了事，爷爷提起棍子就打。女人心软，奶奶每当这时候就替儿女们说情，爷爷怒目圆睁："勤是立业的本，觉睡到啥时候是个够？"

15 岁那年，父亲念完高小，爷爷对他说："行了，书不要再往深念了！能识字记账了，学着养活自个儿吧！"不几天，就送他到"裕兴茂"商号上当了学徒。那时父亲的个头还没柜台高，可家里养就的吃苦功夫，再加上他聪敏过人，不论是头一两年打杂，还是后来记账跑腿，都深受掌柜的喜爱。再后来，他被"复义魁"商号相中，硬被挖了去。父亲挣回第一份养家糊口的钱时，小父亲 3 岁的二爹也开始在商号学手；大姑出聘，年幼的三爹也跟着爷爷干些力所能及的活计，家里的日子就出现了一线生机。

爷爷"勤"字上见益，"俭"字上要利。比如说，家里人穿的老布衣裳一概补丁摞补丁，除非烂得见不得人就不换新衣；吃饭一概七成饱，不饿就得放筷子；逢年过节只割几两肉，只闻肉香仅喝肉汤。父亲说，就因饭后碗里留几个米粒儿，十几岁的二爹挨过爷爷的打。"哎！那是一种命换的节俭，简直就从牙缝里抠啊！"可后来怎样呢？"富贵不养命穷人，等到手里积攒下几个钱后，你爷爷在河那边买了几亩薄田盖了几间房，这边是买卖那边是地，风里来雨里去，满以为日子会好起来，可就在这节骨眼上，日本人的飞机炸河曲，死伤无数，瘟疫四起。先是我的女人和三岁的儿子病死，接着你爷爷、奶奶、三爹离去。一切都变成了梦。"父亲语重心长地对我说："古人有言'青冢草深，万念尽同灰烬；黄粱梦觉，一身都是云浮'。"他当时对这句话有再深不过的感受。从此以后，人间的事清醒了许多，开始和人不争不斗。父亲早先说这些话的时候，我笑而不言，那时"人定胜天"的思想在我脑子里生根发芽，"与天斗与地斗与人斗"已成志向，固执地认为命运掌握在自己手中。后来随着年龄的增长，阅历渐深，才开始领会到父亲所言的透彻。

　　不得不承认钱是个好东西，但把钱当神来敬，比娘老子还亲，一味往钱眼里钻，就把钱和人的关系颠倒了。这一点上，父亲是我心目中的楷模。记得大概是 1982 年 5 月，当时在河曲县邮电局工作的二爹给父亲打电话说，县里开始落实政策，我家也属于落实范围，因为县电影公司当年不明不白占了我家的旧宅地，至少说也该给落实几千块钱吧。父亲放下电话，到第二天又拿起电话要通二爹，其间没说一句话，只喝了二两闷酒，他把我叫到他的屋子里，一脸庄重地说："当年我痛失 5 位亲人，虽说家破人亡，但老宅子还在，田地还在，树头家具什物还在，这些都丢了，无奈才走到口外。如今为了万儿八千，我也不操这个心了，你们也不要抱怨我。还是那句话，钱

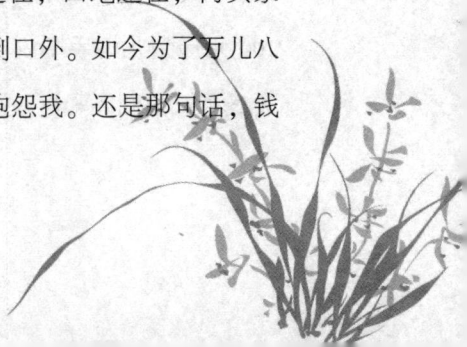

有多少是够?"我心想,摆在咱面前最现实的问题就是钱不够,本没钱还谈多少是够,但是父亲对钱的坦然态度,还是令我和妻子打心底服气。

我们已经习惯了,从二十世纪七十年代初期开始,老家的亲人一趟又一趟捎话,说老屋漏雨了,花果树果熟了,要我们回去经手,但父亲从没理睬过,直至后来都被本家叔伯们占有。联想到周围因一苗树一间屋的纷争亲弟兄大打出手头破血流的事例,真为父亲的博大胸怀而折服。

有一次,父亲和我说起钱,给我讲了这样一个故事,说山西有个姓任的老财主,挣下了不少家业,依然省吃俭用,赶到最后花大钱做了一副上等的寿材,寿材成就的那天,他特意叫匠人在两旁各打了一个洞。起初大家不明白他的用意,后来才知道,他死后要儿女们把他的手从洞里伸出去,意思是告诉世人,我虽然有钱,但生不带来死不带去,我两手空空,干干净净地走了。这个故事一直深深地留在我的记忆中,让我对钱有了一个准确的定位。

父亲说起钱时告诫过我,钱只能握在手里,不能挂在心上,钱为人使,不能人为钱死,钱不能看穿,但要看淡。正因有了看钱待钱这些高度深度,钱在父亲面前,像一只听话的小狗。八十年代,父亲的工资149.5元,每月领回工资,父亲把100元递到儿媳手中说:"给,伙食费!"剩下的就是他的烟火钱了。我们买彩电、洗衣机、五彩地毯时,父亲总是一千两

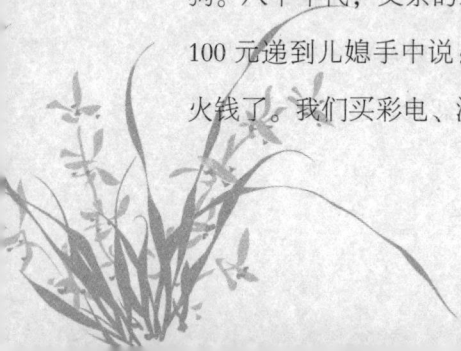

千地出手。年轻人们逗他说："刘大爷，钱都给了他们，一旦不孝顺，你怎么办？"父亲笑笑说："我把命都给他们了，钱还算个啥？"周围那些从婆婆公公手里要不来钱的媳妇们，对我妻子羡慕得要命。

父亲和我说话，说的都是深刻的道理，面对面地聆听，又感到异常亲切，那些人生教育，说实在的，是书本上很难找到的。比如说起待人处世的态度，他认为最重要的是把握自己，要像细流一样，一要长，二要活，就是古人所说的那种"话如活水，心似甘露"、"做事须循天理，出言要顺人心"、"非礼勿言，非礼勿行"、"己所不欲，勿施于人"、"待人无半毫诈伪欺隐"。他说："不管遇到什么不顺心不如意之事，不要暴不要躁，暴躁伤人也伤己。"

他又说到了爷爷，爷爷一辈子暴脾气，首先家人受害无穷。父亲的第一个女人是个公认的贤淑媳妇，可爷爷的暴怒，让她因气结郁，终病不起。其实是一件再小不过的事，父亲每晚从商号回来很迟，听到父亲的脚步声在院子里响起，她就忙着起来点灯。按爷爷的要求，点灯要用麻秸棍儿在炉火里点，可媳妇一不在意，就划着了火柴来点灯。起先爷爷只是哼几声，终于有一天不好听的话从里屋骂出了口，连父亲都吃了一惊。父亲的女人极要脸面，气得哆哆嗦嗦，从此病倒。据说得的是一种叫"鼓症"的病，那时是要命的病。女人死后，3岁的儿子也没活下来。父亲没敢对爷爷说过，但记恨了一辈子。

父亲对我说，爷爷就为了节俭昏了头，就因为几根火柴，要了两条命。他说他 21 岁得了儿子，要是活下来，已是 50 多岁的人了，话里有一种久远的苍凉和伤感。"力微休负重，言轻莫伤人。何况言重呢？再说和气致祥，乖气致戾，你爷爷就吃了暴戾的亏了。"父亲的话，让我想起他的人性和口碑，永远就那样，不起尘不动怒，一辈子没让老百姓话难听、脸难看、事难办

"人"字的笔画少最好写，而活人做人最难。父亲以他的崇高品行为自己的人生画上了圆满的句号，他的榜样和他的那些话，今天依然在教导我们做人。我，我们夫妻和我们的孩子们，也决心在人生漫长的道路上，画上圆满的句号。

故乡的胡同

045

◎ 史铁生

北京很大，不敢说就是我的故乡。我的故乡很小，仅北京城之一角，方圆大约二里，东和北曾经是城墙，现在是二环路。其余的北京和其余的地球我都陌生。

二里方圆，上百条胡同密如罗网，我在其中活到四十岁。编辑约我写写那些胡同，以为简单，答应了，之后发现这岂非是要写我的全部生命？办不到。但我的心神便又走进那些胡同，看它们一条一条怎样延伸怎样连接，怎样枝枝杈杈地漫展以及怎样曲曲弯弯地隐没。

我才醒悟，不是我曾居于其间，是它们构成了我。密如罗网，每一条胡同都是我的一段历史、一种心绪。

四十年前，一个男孩艰难地越过一道大门槛，惊讶着四下张望，对我来说胡同就在那一刻诞生。很长很长的一条土路，

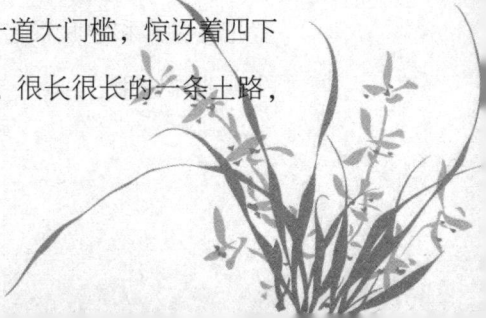

两侧一座座院门排向东西，红而且安静的太阳悬挂西端。男孩看太阳，直看得眼前发黑，闭一会眼，然后顽固地再看太阳。因为我问过奶奶："妈妈是不是就从那太阳里回来了"

奶奶带我走出那条胡同，可能是在另一年。奶奶带我去看病，走过一条又一条胡同，天上地上都是风、被风吹淡的阳光、被风吹得断续的鸽哨声。那家医院就是我的出生地。打完针，噙啕之际，奶奶买一串糖葫芦慰劳我，指着医院的一座西洋式小楼说，她就是从那儿听见我来了，我来的那天下着罕见的大雪。

是我不断长大所以胡同不断地漫展呢，还是胡同不断地漫展所以我不断长大？可能是一回事。

有一天母亲领我拐进一条更长更窄的胡同，把我送进一个大门，一眨眼母亲不见了，我正要往门外跑时被一个老太太拉住，她很和蔼但是我哭着使劲挣脱她，屋里跑出来一群孩子，笑闹声把我的哭喊淹没。我头一回离家在外，那一天很长，墙外磨刀人的喇叭声尤其曼曼。这幼儿园就是那老太太办的，都说她信教。

几乎每条胡同都有庙。僧人在胡同里静静地走，回到庙去沉沉地唱，那诵经声总让我看见夏夜的星光。睡梦中我还常常被一种清朗的钟声唤醒，以为是午后阳光落地的震响，多年以后我才找到它的来源。现在俄国使馆的位置，曾是一座教堂，我把那钟声和它联系起来时，它已被推倒。那时，寺庙多也消失或改作它用。

我的第一个校园就是往日的寺庙，庙院里松柏森森。那儿有个可怕的孩子，他有一种至今令我惊诧不解的能力，同学们都怕他，他说他第一跟谁好谁就会受宠若惊，说他最后跟谁好谁就会忧心忡忡，说他不跟谁好了谁就像被判离群的鸟儿。因为他，我学习了阿谀和防备，看见了孤独。成年以后，我仍能处处见出他的影子。

十八岁去插队，离开故乡三年。回来双腿残废了，找不到工作，我常独自摇了轮椅一条条再去走那些胡同。它们几乎没变，只是往日都到哪儿去了很费猜解。在小巷深处两间低矮的屋顶下，我看见一群老人在工作，他们整日说笑着用油漆涂抹美丽的图画。我说我能参加吗？他们说当然。在那儿我拿到平生第一份工资。

那时我开始写作，开始恋爱。爱情削减着我的软弱，增添着我的梦想。母亲对未来的祈祷，可能比我的梦想还多，她在我们住的院子里种下一棵合欢树。可是合欢树长大了，母亲却永远离开了我，与我相爱的那个姑娘也远去他乡，痛苦在那片胡同里，纪念也不会完结。幸运又走进那片胡同——另一个可爱的姑娘来了，这一回她是爱人也是妻子，我把珍贵的以往说给她听，她说因此她也爱着那片胡同。

我单不知，像鸟儿那样飞在不高的空中俯看那片密如罗网的胡同，会是怎样的景象？飞在空中而且不惊动下面的人群，看一条条胡同的延伸、连接、枝枝杈杈地漫展以及曲曲弯弯地隐没，是否就能看见了命运的构造？

活着就是幸福

☉ 佚　名

　　人的一生总会经历很多事情，这些事情有的让你喜，有的让你忧，有的让你仰天大笑，有的则让你垂头叹息。

　　开心的事，人们都乐于接受，而忧伤，苦恼之事袭来时，人们往往哀叹人生不幸，命运不公。其实，细细想来，在这生与死并存的世间，只要能好好地生活在这个还称得上美好的世间里，我们就是幸福的。

　　有这么一些人，他们喜欢独处一室，或是和其他人聚集在一起，两杯小酒下肚，就开始满腹牢骚，指着这个世界或是自己的生活埋怨起来。咒骂更是司空见惯。有的为上司的一次批评悲观，有的为朋友的一次误解烦恼，有的为丈夫的一次失败埋怨，有的不妻子的一次唠叨愤懑，有的为男友的一次迟到生气，有的为女友的一次犹豫感伤，有的为儿子的一次顽皮叹

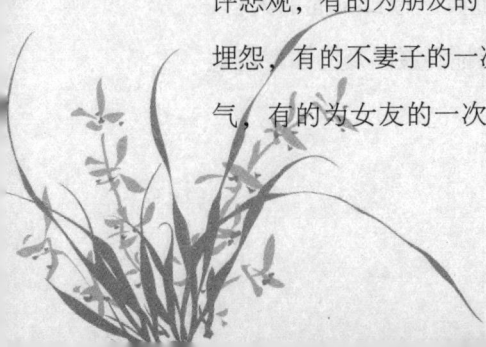

息，有的为父母的一次管教纳闷——总之，在我们身边，随时随地都能听到诸如此类的埋怨声。假如我是一个刚刚来到世间又能听懂这些埋怨的婴儿，听到这些埋怨时，我肯定会因此认为世间只有痛苦和灾难。但我不是一个刚到世间的婴儿，我和大家一样，已经在这世间生活了很多个年头。所以，我知道生活的这个世间并不像他们所说的那样让人恐惧，让人除了失望和悲观外什么也没有。

死亡与不幸随时都会在我们身边发生，这确实是让人心痛的事。完好无损地活着的我们，怎么就不想想我们的幸运呢？谁都知道，在这世间，再也没有比生命更宝贵的东西了。既然我们依然拥有宝贵的生命。我们何不用歌声和欢笑妆点、打扮它呢？妆点生命其实就是妆点我们自己啊！我没有听说过谁是在埋怨自己生命的过程中获得解脱的。因为不断埋怨自己的生活和命运，而把自己的一生弄得一塌糊涂的人，我倒听说过很多。

作为万物之灵，有了生命，你就已经站在幸福的屋顶上了。所以，在这里，我想对喜欢埋怨和自寻烦恼的人说一句：活着就是幸福。不信，你就在埋怨之前或是烦恼得要命时，摸着自己的胸口默默地说三遍：活着就是幸福！相信你会从中获得心灵之光的照耀，重又回到你少年时就在内心深处描绘出的理想之路上。

是的，除了这么提醒自己，你还必须学会爱，学会勤奋，学会坚忍。这样，你就会在原本幸福的屋顶上，获得更多的幸福。

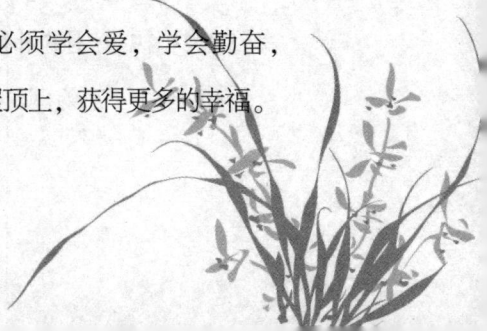

心态决定命运

050

◎佚 名

为什么有些人就是比其他的人更成功，赚更多的钱，拥有不错的工作。而许多人忙忙碌碌地劳作却只能维持生计。其实，人与人之间并没有多大的区别。

不少心理学专家发现，这个秘密就是人的"心态"。一位哲人说："你的心态就是你真正的主人。"一位伟人说："要么你去驾驭生命，要么就是生命驾驭你。你的心态决定谁是坐骑，谁是骑师。"

大概是40年前，福建某贫穷的乡村里，住了兄弟两人。他们抵受不了穷困的环境，便决定离开家乡，到海外去谋发展。大哥好像幸运些，被奴隶主卖到了富庶的旧金山，弟弟被卖到比中国更穷困的菲律宾。

40年后，兄弟俩又幸运地聚在一起。今日的他们，已今

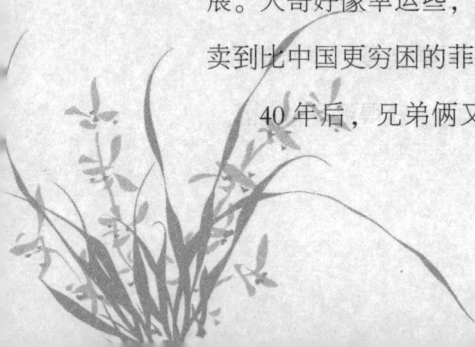

非昔比了。做哥哥的，当了旧金山的侨领，拥有两间餐馆，两间洗衣店和一间杂货铺，而且子孙满堂，有些承继衣钵，又有些成为杰出的工程师等科技专业人才。

弟弟呢？居然成了一位享誉世界的银行家，拥有东南亚相当份量的山林、橡胶园和银行。经过几十年的努力，他们都成功了。但为什么兄弟两人在事业上的成就，却有如此的差别呢？

哥哥说，我们中国人到白人的社会，既然没有什么特别的才干，唯有用一双手煮饭给白人吃，为他们洗衣服。总之，白人不肯做的工作，我们华人统统顶上了，生活是没有问题，但事业却不敢奢望了。例如我的子孙，书虽然读得不少，也不敢妄想，唯有安安分分地去担当一些中层的技术性工作来谋生。

看见弟弟这般成功，做哥哥的，不免羡慕弟弟的幸运。弟弟却说，幸运是没有的。初来菲律宾的时候，担任些低贱的工作，但发现当地的人有些是比较愚蠢和懒惰的，于是便顶下他们放弃的事业，慢慢地不断收购和扩张，生意便逐渐做大了。

这便是海外华人的真实奋斗历史。它告诉我们：影响我们人生的绝不仅仅是环境，心态控制了个人的行动和思想。同时，心态也决定了自己的视野、事业和成就。

一个人能否成功，就看他的心态了。成功人士与失败之间的差别是：成功人士始终用最积极的思考、最乐观的精神和最辉煌的经验支配和控制自己的人生。失败者则刚好相反，他们的人生最受过去的种种失败与疑虑引导支配。

大师的学生

052

◎ 佚　名

一位音乐系的学生走进练习室。钢琴上，摆放着一份全新"超高难度"的乐谱。

他翻动着，喃喃自语，感觉自己对弹奏钢琴的信心似乎跌到了谷底，消磨殆尽。已经三个月了，自从跟了这位新的指导教授之后，他不知道，为什么教授要以这种方式整人？

勉强打起精神，他开始用十只手指头奋战、奋战、奋战，琴音盖住了练习室外、教授走来的脚步声。指导教授是个极有名的钢琴大师。授课第一天，他给自己的新学生一份乐谱。"试试看吧！"他说。乐谱难度颇高，学生弹得生涩僵滞、错误百出。

"还不熟，回去好好练习！"教授在下课时，如此叮嘱学生。学生练了一个星期，第二周上课时正在准备中，没想到教授又给了他一份难度更高的乐谱，"试试看吧！"上星期的功

课，教授提也没提。学生再次挣扎于更高难度的技巧挑战。

　　第三周，更难的乐谱又出现了，同样的情形持续着，学生每次在课堂上都被一份新的乐谱克死，然后把它带回去练习，接着再回到课堂上，重新面临难上两倍的乐谱，却怎么样都追不上进度，一点也没有因为上周的练习而有驾轻就熟的感觉，学生感到愈来愈不安、沮丧及气馁。

　　教授走进练习室。学生再也忍不住了，他必须向钢琴大师提出这三个月来、何以不断折磨自己的质疑。教授没开口，他抽出了最早的第一份乐谱，交给学生。"弹奏吧！"他以坚定的眼神望着学生。不可思议的事发生了，连学生自己都讶异万分，他居然可以将这首曲子弹奏得如此美妙、如此精湛！

　　教授又让学生试了第二堂课的乐谱，仍然，学生出现高水准的表现。演奏结束，学生怔怔地看着老师，说不出话来。"如果，我任由你表现最擅长的部份，可能你还在练习最早的那份乐谱，不可能有现在这样的程度。"教授，钢琴大师，缓缓地说着。

　　人，往往习惯于表现自己所熟悉、所擅长的领域。但，如果我们愿意回首，细细检视，将会恍然大悟，看似紧锣密鼓的工作挑战、永无歇止难度渐升的环境压力，不也就在不知不觉间、养成了今日的诸般能力吗？

　　因为，人，确实有无限的潜力！有了这层体悟与认知，会让我们更欣然乐意，面对未来势必更多的难题。

人的高贵在于灵魂

◎ 周国平

　　法国思想家帕斯卡尔有一句名言："人是一支有思想的芦苇。"他的意思是说，人的生命像芦苇一样脆弱，宇宙间任何东西都能致人于死地。可是，即使如此，人依然比宇宙间任何东西高贵得多，因为人有一颗能思想的灵魂。我们当然不能也不该否认肉身生活的必要，但是，人的高贵却在于他有灵魂生活。作为肉身的人，人并无高低贵贱之分。惟有作为灵魂的人，由于内心世界的巨大差异，人才分出了高贵和平庸，乃至高贵和卑鄙。

　　两千多年前，罗马军队攻进了希腊的一座城市，他们发现一个老人正蹲在沙地上专心研究一个图形。他就是古代最著名的物理学家阿基米德。他很快便死在了罗马军人的剑下，当剑朝他劈来时，他只说了一句话："不要踩坏我的圆!"在他看

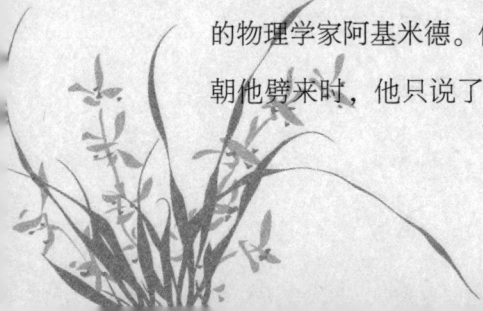

来，他画在地上的那个图形是比他的生命更加宝贵的。更早的时候，征服了欧亚大陆的亚历山大大帝视察希腊的另一座城市，遇到正躺在地上晒太阳的哲学家第欧根尼，便问他："我能替你做些什么？"得到的回答是："不要挡住我的阳光！"在他看来，面对他在阳光下的沉思，亚历山大大帝的赫赫战功显得无足轻重。这两则传为千古美谈的小故事表明了古希腊优秀人物对于灵魂生活的珍爱，他们爱思想胜于爱一切包括自己的生命，把灵魂生活看得比任何外在的事物包括显赫的权势更加高贵。

珍惜内在的精神财富甚于外在的物质财富，这是古往今来一切贤哲的共同特点。英国作家王尔德到美国旅行，入境时，海关官员问他有什么东西要报关，他回答："除了我的才华，什么也没有。"使他引以自豪的是，他没有什么值钱的东西，但他拥有不能用钱来估量的艺术才华。正是这位骄傲的作家在他的一部作品中告诉我们："世间再没有比人的灵魂更宝贵的东西，任何东西都不能跟它相比。"

其实，无需举这些名人的事例，我们不妨稍微留心观察周围的现象。我常常发现，在平庸的背景下，哪怕是一点不起眼的灵魂生活的迹象，也会闪放出一种很动人的光彩。

有一回，我乘车旅行。列车飞驰，车厢里闹哄哄的，旅客们在聊天、打牌、吃零食。一个少女躲在车厢的一角，全神贯注地读着一本书。她读得那么专心，还不时地往随身携带的一

个小本子上记些什么，好像完全没有听见周围嘈杂的人声。望着她仿佛沐浴在一片光辉中的安静的侧影，我心中充满感动，想起了自己的少年时代。那时候我也和她一样，不管置身于多么混乱的环境，只要拿起一本好书，就会忘记一切。如今我自己已经是一个作家，出过好几本书了，可是我却羡慕这个埋头读书的少女，无限缅怀已经渐渐远逝的有着同样纯正追求的我的青春岁月。

每当北京举办世界名画展览时，便有许多默默无闻的青年画家节衣缩食，自筹旅费，从全国各地风尘仆仆来到首都，在名画前流连忘返。我站在展厅里，望着这一张张热忱仰望的年轻的面孔，心中也会充满感动。我对自己说：有着纯正追求的青春岁月的确是人生最美好的岁月。

若干年过去了，我还会常常不由自主地想起列车上的那个少女和展厅里的那些青年，揣摩他们现在不知怎样了。据我观察，人在年轻时多半是富于理想的，随着年龄增长就容易变得越来越实际。由于生存斗争的压力和物质利益的诱惑，大家都把眼光和精力投向外部世界，不再关注自己的内心世界。其结果是灵魂日益萎缩和空虚，只剩下了一个在世界上忙碌不止的躯体。对于一个人来说，没有比这更可悲的事情了。我暗暗祝愿他们仍然保持着纯正的追求，没有走上这条可悲的路。

重视自己的价值

057

⊙ 佚 名

今天我要加倍重视自己的价值。桑叶在天才的手中变成了丝绸。粘土在天才的手中变成了堡垒。柏树在天才的手中变成了殿堂。羊毛在天才的手中变成了袈裟。如果桑叶、粘土、柏树、羊毛经过人的创造，可以成百上千倍地提高自身的价值，那么我为什么不能使自己身价百倍呢？

我的命运如同一颗麦粒，有着三种不同的道路。一颗麦粒可能被装进麻袋，堆在货架上，等着喂猪；也可能被磨成面粉，做成面包；还可能撒在土壤里，让它生长，直到金黄色的麦穗上结出成千上百颗麦粒。我和一颗麦粒唯一的不同在于：麦粒无法选择是变得腐烂还是做成面包，或是种植生长。而我有选择的自由，我不会让生命腐烂，也不会让它在失败，绝望的岩石下磨碎，任人摆布。

要想让麦粒生长、结实，必须把它种植在黑暗的泥土中，我的失败、失望、无知、无能便是那黑暗的泥土，我须深深地扎在泥土中，等待成熟。麦粒在阳光雨露的哺育下，终将发芽、开花、结实。同样，我也要健全自己的身体和心灵，以实规自己的梦想。麦粒须等待大自然的契机方能成熟，我却无须等待，因为我有选择自己命运的能力。

怎样才能做到呢？首先，我要为每一天、每个星期、每个月、每一年、甚至我的一生确立目标。正像种子需要雨水的滋润才能破土而出，发芽长叶，我的生命也须有目标方能结出硕果。在制定目标的时候，不妨参考过去最好的成绩，使其发扬光大。这必须成为我未来生活的目标。永远不要担心目标过高。取法乎上，得其中也；取法乎中，得其下也。

高远的目标不会让我望而生畏，虽然在达到目标以前可能屡受挫折。摔倒了，再爬起来，我不灰心，因为每个人在抵达目标前都会受到挫折。只有小爬虫不必担心摔倒。我不是小爬虫，不是洋葱，不是绵羊。我是一个人。让别人作他们的粘土造洞穴吧，我只要造一座城堡。

太阳温暖大地，麦粒吐穗结实。这些羊皮卷上的话也会照耀我的生活，使梦想成真。今天我要超越昨日的成就。我要竭尽全力攀登今天的高峰，明天更上一层楼。超越别人并不重要，超越自己才是最重要的。

春风吹熟了麦穗，风声也将我的声音吹往那些愿意聆听者

的耳畔。我要宣告我的目标。我要成为自己的预言家。虽然大家可能嘲笑我的言辞，但会倾听我的计划，了解我的梦想，因此我无处可逃，直到兑现了诺言。

我不能放低目标。我要做失败者不屑一顾的事。我不停留在力所能及的事上。我不满足于现有的成就。目标达到后再定一个更高的目标。我要努力使下一刻比此刻更好。我要常常向世人宣告我的目标。但是，我决不炫耀我的成绩。让世人来赞美我吧，但愿我能明智而谦恭地接受它们。

一颗麦粒增加数倍以后，可以变成数千株麦苗，再把这些麦苗增加数倍，如此数十次，它们可以供养世上所有的城市。难道我不如一颗麦粒吗？当我完成这件事，我要再接再励。当羊皮卷上的话在我身上实现时，世人会惊叹我的伟大。

拾取失去生命的碎片

◎ 叶广芩

我学医，行医加起来前后有二十年，二十年的时间里看到了不少生与死。生命的诞生大致相同，但生命的逝去则千态万状，让人刻骨铭心，难以忘却。我常想起那些与我擦肩而过又归于冥冥之中的生命，想起他们起步的刹那以及留给生者的思索，从而感到生与死连接的紧密与和谐。那一个个生命的逝去，已残缺为一块块记忆的碎片，捡拾这些碎片是对生的体味，对命的审视，是咀嚼一颗颗苦而有味儿的橄榄。

那时年轻，不知何为生死，我的班长与我是"一帮一，一对一"，我们常常坐在水泥池子的木板上谈心。我们谈的常是一些很琐碎的事情，诸如跑操掉队、背后议论人、梳小辫臭美等。我们屁股下面的池子里，黄色的福尔马林液体中泡着三具尸体，两男一女，他们默默地听了不少我们之间的事情。

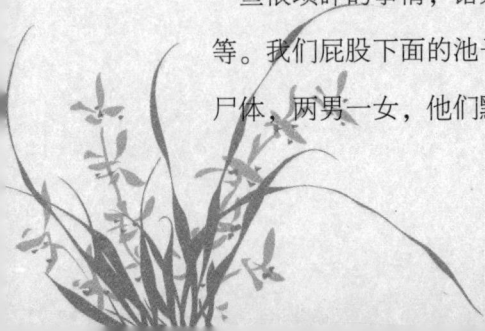

有一天，班长说，他将来死后要把遗体献给学校，为医学教育做贡献，我才突然觉得池子里面躺着三个"人"。

水泥池子上的木板很硬，很凉，药水的气味也很呛人。

"文革"时，他从八楼顶上跳下来，当时我恰巧从下面走过，他摔在我的面前，我下意识地奔过去，以为这是一个玩笑。他很平静地侧卧在地上，没有出血，脸色也相当红润。他看着我，想说什么，嘴唇动了一动，但只是两三秒的工夫，面部的血色便褪尽，眼神也变得散淡，我随着那目光追寻，它们已投向了遥远的天边。

三天后我看见他从湖南赶来的老父亲默默地坐在太平间的台阶上，望着西天发呆，老人的目光与儿子如出一辙。

她是个临产的产妇，长得很美，在被我推进产房的时候她丈夫拉着她的手，她丈夫很英俊。这是对美丽的夫妻，他们一起由南方调到这偏僻的山地搞原子弹。平车在产房门口受到阻滞，因为夫妻俩那双手迟迟不愿松开。孩子艰难地出了母腹，是个可爱的男婴，却因脐带绕颈而窒息死亡，母亲突发心衰，抢救无效，连产床也没有下……这一切前后不到两个小时……

我走出产房，丈夫正在门外焦急地等候，我把这消息告诉他，他说，我想躺一躺，我把他安排在医生值班室让让歇息。

半个小时以后，我看见他慢慢地走出了医院大门。

儿子在母亲的病床旁，须臾不敢离开，医生说就是这一两天的事。儿子才从大学毕业，是独子，脸上还带着未经世事的

稚气。母亲患了子宫癌，已无药可治。疲惫不堪的儿子三天三夜没有合眼，母亲插着氧气在艰难地喘息，母子俩都怀着依依难舍地心紧张地等待着那一刻的到来。中午，儿子去食堂买饭，我来替他守护，母亲一阵躁动，继而用目光寻找什么，喉咙里发出呼噜呼噜的声响，我赶紧到她跟前，那目光已在失望里定格。

儿子回来，母亲的一切都已结束，他大叫一声扑过去，将那些撤下来的管子不顾一切地向母亲身上使劲插……

撒在地上的中午饭深深地印在了我的脑子里。

我给这个六岁的男孩做骨髓穿刺的时候孩子咬牙挺着，孩子的母亲在门外却哭成了泪人儿。粗硬的带套管的针头扎进嫩弱的髂骨前上脊，那感觉让我战栗，是作为医生不该有的战栗，我知道，即使打了麻药，抽髓刹那的疼也是难以忍受的，而孩子给我的只是一声轻轻的呻吟。取样刚结束，孩子母亲就冲进治疗室，一把抱起他的儿子，把他搂得很紧很紧。孩子挣出他母亲的搂抱。回过身问我："这回我不会死了吧?"我坚定地回答："不会。"

半个月后，孩子蒙着白布单躺在平车上被推出病房，后面跟着他痛不欲生的母亲。临行前，我将孩子穿刺伤口的纱布小心取下，他在那边应该是个健康、完整的孩子。辚辚的车声消逝在走廊尽头，留下空空荡荡一条楼道。

她是养老院送来的，她说她不怕死，怕的是走之前的孤

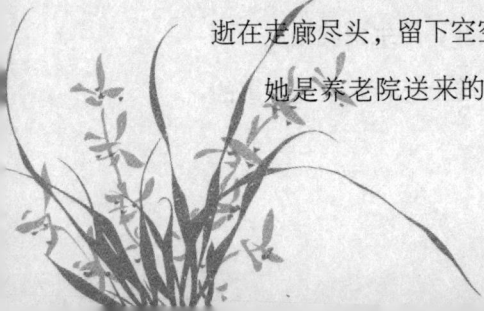

独。我说我会在她身边的。她说，我怎么知道你在呢，那时候我怕都糊涂了。我说我肯定在。她说，都说人死的时候灵魂会与肉体分离，悬浮在空气中，我想那时我会看见你的。于是她就看天花板，又说，要是那样我就绕在那根电线上，你看见那根电线在动，就说明我向你打招呼呢。我笑笑，把这看做病人的遐想。

她临终时我如约来到她的床前，她没有反应，其实她在两天前就已经昏迷。她死了，我也疲倦地靠在椅子上再不想动，无意间抬头，却见电线在猛烈地摇晃。

窗外下着雨，还有风。

这样的碎片每位医生都会有很多，它们并不闪光，它们也很平常，但正是在这司空见惯中，蕴含着一个个你我都要经历的故事，我们无法回避，也无法加以任何评论，我们只能顺其自然。生命是美好的，生命也是艰难的，有话说"未知生焉知死"，我想它应该这样理解，"未知死焉知生"。我想起1985年在日本电视里看到一个情景，那年8月，由东京飞往名古屋的波音747飞机坠毁在群马大山，全机224人，220人遇难。飞机出事前的紧急关头，一位乘客匆忙中写下一张条子：感谢生命。

那个温暖的冬天

☉ 佚　名

　　1991 年，我出生在美国怀俄明州的一个小小农庄中。孩提时代，父亲便告诉我：我的母亲是个坏女人，在我降生一年后她便抛夫弃子，远走他乡，她是我们父女俩的叛徒。

　　怀俄明位于中西部山区，那里土地贫瘠，生活艰辛。我的父亲是一个苦行僧般的人，他性格倔犟，不苟言笑，仿佛生来就与人世间的任何快乐无缘。父亲中年刚过，可看起来却比实际年龄苍老得多。我认为这一切都是因为母亲的出走带来的。于是，从懂事起，我便恨母亲，恨这个在我的记忆中未留下任何印象的坏女人。我常常想着有朝一日能与母亲面对面相遇，我希望那时候，她苍老而贫苦，我则年轻而富有，她向我乞讨，而我却假装不认识她，我这样做是要报复她，要以"其人之道还治其人之身"！

我从未想到，父亲会在 2001 年那个冬天因心脏病突发弃我而去，当时我才 10 岁。邻居巴弗顿先生说："哈罗德到死都是一个不快乐的人。"这一句话可作为我父亲的墓志铭，它非常适合父亲那郁郁寡欢的一生。

葬礼结束后，牧师将我带进他的书房，书房里有一个女人在那儿等着。

"玛丽琳，"牧师将手放在我的肩上说，"这是你母亲。"我猛地退后一步，假如不是牧师抓着我的肩，我想我一定会从窗户跳出去的！那个女人向我伸出手，声音颤抖："玛丽琳、玛丽琳……"我冷冷地望着她，心里真想对她痛斥：在我人生的第一个 10 年里你在哪里？在我年幼最需要你时你又在哪里？可最后我却只是说："我猜想你现在是为农庄而来的吧？"

"不，我恨农庄，我早就舍弃它了。"她摇摇头说。

"是的，你也舍弃了我，舍弃了父亲！"我朝她喊道，怨恨如火山般爆发："你是一个坏女人，爸爸一直就告诉我你是一个坏女人！"

她哭了起来，牧师轻轻地拍了拍我，"玛丽琳，也许你的父亲并未告诉你一切，你慢慢会知道的。这次，你母亲是来照料你的，她现在是你惟一的亲人。"

"不！"我大声叫道，"我不想跟她在一起，如果让她留在农庄，我的父亲会死不瞑目的！""我不会留在农庄，"那个女人说，"玛丽琳，我要带你到城里去。"城市，我从未去过城

市，那庞大的陌生的城市令我恐惧。我哭了起来："我不想到城里去！我要一个人呆在农庄！"

"仅仅一个冬天，"那个陌生女人哀求道，"如果你不满意，我保证不再留你。"牧师也说道："如果你与你母亲呆不下去，你可以再回到怀俄明来，你可以在我们家生活。"

我相信牧师，他的话使我感到了希望。迟疑片刻后，我同意跟这个自称是我母亲的人走。我们坐了一个多小时的飞机，又上了一辆计程车。终于，计程车在一幢红砖房子前停下。那女人将我带上三楼的一套房子。我不得不承认，这房子比我在怀俄明的家要豪华气派得多。她带我走进卧室，我看到的是粉红色窗帘和印花床罩，我禁不住伸出手摸了摸，的确很柔软很舒服。她马上问道："你喜欢这些吗?"我赶紧将手缩回，生硬地说："我对这些没兴趣。"她没再说什么，只是问我是否累了，想不想上床睡觉。我早就精疲力竭了，心想如果我能睡过这整个冬天，一觉醒来就到春天了，那该多好啊！那我就不用跟这个讨厌的女人相处而可以直接回怀俄明了。我倒头就睡，醒来时已是翌日清晨。

我跟着她进了厨房，她将早餐放在我面前。尽管我饿极了，但却不想让她知道，我只是吸了一小口橘子汁，其实我心里想的是把它一饮而尽。早餐味道美极了，但我不能告诉她我喜欢吃她烹制的食品。

结果，早餐之后我依然和早餐前一样饥饿。她去商店购物时，我冲进厨房，找出一盒蛋糕，狼吞虎咽地将它们一扫而光。

不久，她从超市归来，带着满满一袋东西。她一边将物品从包中取出，一边说："这是鱼片，我想你也许会喜欢，还有椰子蛋糕和巧克力蛋糕，我不知道你喜欢哪一种，所以两种我都买了……"听到这话，我心里一阵酸楚，脱口说道："你要真是我母亲，从小一直与我生活在一起，就不会不知道我喜欢哪一种了！"

说完，我跑进卧室，趴在床上抽泣起来。她走了进来，坐在床边，她的手在我肩上轻轻抚摸，声音嘶哑地说道："我知道，我的确对不起你，但……难道你不想了解为什么吗？你的父亲是个好人，"她接着说，我能感到她在小心挑选合适的词语，"可是他的生活方式与我的不同，我们性格完全不合，他严肃死板，而我活泼浪漫……当时，我太年轻，于是我就走了。可随后我便后悔了，我觉得我不能抛下你，我乞求你父亲让我回去和你生活在一起，可你父亲是个性格非常倔犟的人，他对我说：'既然你已作了选择，那就永远不得再回来！'"

"我不相信你！"我坐起身，"你是我母亲，难道你没有自己的权利吗？"

她摇摇头："是我离开了你和你父亲，我当时又没钱请律师。他曾告诉我，如果我诉诸法律，他将让法庭宣布剥夺我做母亲的权利。"

"假如你回来，或者你写封悔过的信，也许他会改变主意。"我冷冷地说。

她一言不发，将一个纸盒子放在我身旁，然后捂着脸走出了房间。我打开盒盖，里面装着一大摞用橡皮筋束着的信件，我拿出信看了起来，一些年代比较远的信是写给我父亲的，一些近几年的信则是写给我的，但所有的信封上都盖着：退回寄信人。

当她再次走进屋时，我问道："为什么父亲没告诉我这些？""因为他恨我，"她平静地说，"他是一个固执的人，他永远都不想原谅我，可是，玛丽琳——我的女儿，你能原谅我吗？甚至……能爱我吗？"

"我不知道……"我结结巴巴地说，"我不知道。"在我心里，我觉得有一个声音在说"是"，可要想在一瞬间就将这么多年来在我心底里建立起来的恨抹掉也并不是件容易的事。

后来，我知道了她是一位美容师，"难怪你这么漂亮。"我艳羡地说。

"我哪有我的女儿美呢。"她说道，"让我给你打扮打扮吧。"

我向后退了退，"一个人的外表并不重要，"我僵硬地说，"重要的是他的内心。"

"这话听起来好熟悉，"她平静地说，"自然，宝贝，你的父亲是对的，内心是重要的，可一个人外表美丽也不是罪过

呀。"

我听到了一个词"宝贝",我的心怦怦在跳,在此之前,从来没人这样叫我。我感到自己内心深处正在发生某种微妙变化。

随着时间的推移,她与我之间的信任和爱也在慢慢滋长,在这个冬天,她正在创造一个奇迹,一个使我需要她、她也真正需要我的奇迹。

母亲在为我改变发型后,又为我买来了许多漂亮的服装。一天,她给我试衣时说:"玛丽琳,你喜欢这条裙子吗?"

"当然,"我说道,"我从没有穿过这么漂亮的裙子。"

突然,我看见母亲先前还笑吟吟的脸上霎时改变了颜色,她呜咽起来:"我的可怜的宝贝,我都对你做了些什么?10年来我竟然未能给你买过一件衣服!"

我蹲在她身旁,第一次拥着母亲:"妈妈,没关系,真的没关系。"她倏地直起身来:"你叫我妈妈了?你真的叫我妈妈了!"

"是的,是的,"我激动地说,"你是我妈妈,不是吗?"

她泪雨滂沱,大哭起来,我也哭了起来,然后我们两人又开始破涕为笑,紧紧地拥抱在一起。

我曾害怕春天的到来,我害怕作出抉择。因为我想我已经学会了爱母亲,可我仍然为自己违背了父亲多年的教诲而感到内疚自责。最后,还是母亲救了我。她对我说:"你的父亲并

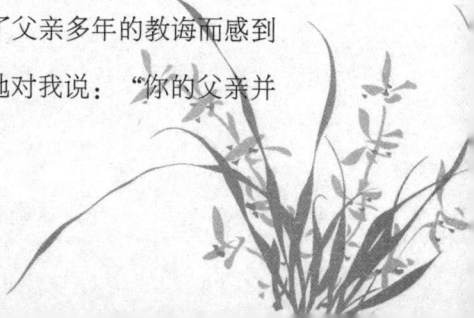

不是一个坏人，玛丽琳，他只是一个不快乐的人，如果那时我年龄大一点，或者成熟一点，也许能让他快乐起来，可我却不知道怎么做，于是便当了这个围城的逃兵。可我不能再对你这样做，难道你不想让我为你尽一个母亲的职责吗？"

我瞧着母亲，觉得自己突然长大了，我懂得了爱有时就是一种原谅。"我愿意和你呆在一起。"我喃喃道。

母亲紧紧地拥着我，我知道横亘在我俩之间的那块坚冰已经融化，那种仇恨已经消失，爱与亲情又重临世间。

学会让自己快乐

◎佚　名

　　对于一个人来说，快乐的活着就是成功的人生，所以谁都会渴望自己能够更多的拥有快乐，然而快乐却不是人人都能拥有的，于是有的人开始怨天忧人，怪上天不偏爱自己，怪命运多桀，抱怨事业不顺、家庭不和……其实这些都不是你不快乐的决定因素，真正决定你快乐与否的只是你自己！

　　快乐其实是一种心境，一种精神状态。快乐发自你内心，你可以随时创造一种"我很快乐"的心境，大多数人要多快乐，就会有多快乐。如何才能使我们获得快乐呢？

　　微笑：如果你一直使自己的情绪处于低落的状态，例如你肩膀下垂、走起路来双腿仿佛有千斤重似的，那么你就真会觉得情绪很差。你要是一脸哭相，没有人愿意理睬你。那么要怎样改变呢？很简单，你只要深吸口气，抬起头来挺起胸，脸上

露出微笑，并摆出生龙活虎的架势就行了。微笑和打哈欠同样会传染的，如果你真诚地对一个人展颜而笑，他实在无法对你生气。

放松：快乐的人总是这样对自己说：我觉得快乐，我会在各方面干得越来越好，我会越来越快乐。你反复地对自己说一些话，如"我很放松"、"我很平静"等等，时间久了这些话就会进入你潜意识中。

忆趣：现在，我们一起来尝试一下幻想愉快的心理图像。首先，放松你的下巴，抬起你的脸颊，张开你的嘴唇，向上翘起你的嘴角，对自己说"忆些趣事"。把快乐图像化，像一部电视片一样对自己播放，这就是愉快的心理图像法。

大声讲话：受压抑的人说话声音明显地细小，表现得自信心不足，一点也不快乐。所以你要尽量提高你的音量，但不必对别人大声喊叫。你只要有意识地使声音比平时稍大就行。

抬头挺胸：你仔细观察就会发现，那些遭受打击、被别人排斥的人走路都拖拉拉很懒散，显得很邋遢，完全有自信。另一种人则表现出超凡的信心，他们走起路来比一般人快，像是在短跑。抬头挺胸走快一点，你会感到快乐滋长。

利用自己的优点：假如有人告诉你："你在电话里很会说话"。你认为这没什么了不起。然而要知道，有许多人都觉得这么做非常困难，因此这的确是你值得骄傲的优点。快乐的来源是发现并利用你的真正的优点，这使你的自我意识变得更加

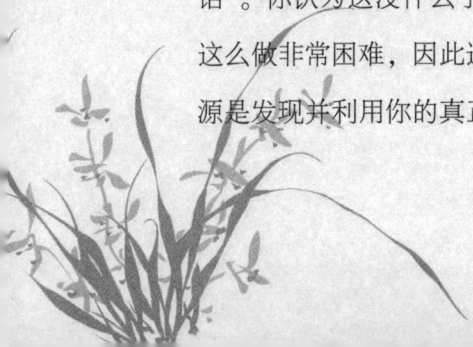

美好，你也就愈快乐。

分享：一个人问上帝："为什么天堂里的人快乐，而地狱里的人却不呢?"于是上帝带他来到地狱，他看到许多人围坐在一口大锅前，锅里煮着美味的食物，可每个人都又饿又失望，因为他们手里的勺子太长，没法把食物送到自己口中。接着，他们又来到天堂，这里的勺子也很长，可是人们用勺子把食物送到了别人的嘴里。与别人分享快乐可以使快乐永驻。

感恩：你若能学会心怀感激，就会减少很多愤怒，你只有心怀感激，才会真正快乐起来；若一个人就只有怨怼，你的心情自然好不起来。一句话说得好：思之而存感谢。感恩的心将为你开创快乐的奇迹。

当然上面说的这些一下了做到是不可能的，你可以慢慢来，那是应该能做到的。因为能够决定你是否快乐的就是你自己的心态，调整好了心态，你选择了快乐，自然也就拥有了快乐！相信你也希望你最终能够找到属于自己的快乐。

改　　变

⬙ 姜钦峰

　　祁健是家里的独子，父母都是下岗工人，仅凭微薄的收入艰难支撑儿子上大学。父母把全部希望都寄托在儿子身上。然而，就在祁健大学毕业时，忽然查出患有白血病，晚期。这家的天塌了！

　　为了给祁健治病，父母开始四处举债。祁健的病情暂时得到了控制，可是接下来，每月一次的化疗就要上万元，父母万般无奈之下，决定上街乞讨。两个年过半百的人，在冬天的刺骨寒风中跪着，只为了给儿子凑一个疗程的化疗费用。

　　躺在病房里的祁健得知此事，不禁潸然泪下。正在此时，忽然传来好消息，祁健的骨髓配型成功。这本来是治疗白血病最难的一关，祁健无疑是幸运的。然而，面对巨额的移植手术费用，全家人怎么也高兴不起来。绝望的祁健决定放弃治疗，并开始拒绝打针吃药。眼前的希望，反而变成了沉重的压力。

当地媒体报道了祁健的遭遇后，许多好心人向他伸出了援助之手。虽然只是杯水车薪，但仍让他深深感动。他开始静下来思考，如果把这些钱花在自己身上，继续做无谓的化疗，已经没有实际意义，还不如拿去做点儿有用的事。他决定先拿出500元钱，去资助一个失学儿童。他的想法很朴实，500元对自己而言，还不够一天的医疗费，但对于一个失学的孩子，也许就能改变一生的命运。

几天后，在朋友的帮助下，他瞒着父母，来到100公里外的小山村。当他见到张海霞时，不由得震撼了。海霞是个13岁的女孩，父亲患有严重的类风湿病，双眼几乎失明，早已丧失劳动能力；母亲几年前改嫁，全家的生活重担都压在这个小女孩稚嫩的肩膀上。但她从未对生活丧失信心，总是想尽办法克服困难。海霞即将小学毕业，正面临辍学，祁健送来的500元钱帮她解了燃眉之急。

从海霞家回来之后，祁健像换了一个人，一扫往日的消沉，变得乐观开朗起来。他告诉母亲："海霞才13岁，就要扛起一个家，原来咱们不是最苦的，今后我要坚强起来，好好治病。"这让父母觉得很意外，又大感欣慰。

海霞深深地感激这位好心的大哥，但她无论如何想不到，

这个陌生人竟会用救命钱来帮助自己，直到她在报上看到了祁健的消息。海霞决定把钱还给祁健，按照报纸上的地址，她找到了祁健住的医院。再次见面，祁健说什么也不肯收回那 500 元钱。海霞终于答应收下钱："我一定努力读书考大学，但你必须答应我好好治病，我要想办法帮你筹钱。"

谁也没有想到，海霞回去之后，就给报社写了封信："要是哪个好心人，或哪家银行愿意贷款给我 50 万，我大学毕业以后，一定会用一辈子的努力工作，去挣钱偿还的……"公开信在报纸上发表后，虽然无数人为之感动，但都认为这是孩子的天真想法。除非奇迹出现，有谁愿意借 50 万巨款给一个贫困的农村女孩？

奇迹真的出现了，一位美国纽约的华人答应帮助海霞。她叫崔英，从小在中国农村长大。海霞从山上往家里运花生的经历，让她深有感触。一袋花生有一百多斤重，海霞根本扛不动，她就想办法，折下一根粗树枝，然后把袋子放在树枝上，拖着下山。从不抱怨命运不公，遇到困难总是积极找办法去解决，正是海霞这种永不放弃的精神，打动了崔英。她借给了海霞三万美元，并且不计利息，不设偿还期限，因为她觉得，借钱比捐款更有意义。

如今，祁健已成功接受了骨髓移植手术，海霞也以全校第一名的成绩升入初中。两人在病房里拉钩，彼此约定，要好好活着。

祁健原本是想帮助海霞改变命运，却未想到，自己的命运也因此而改变。当他第一次见到海霞时，先前关于人生的种种看法，完全被颠覆了，"我一个 20 多岁的人，还是大学毕业生，我为什么就不相信，奇迹会在我身上发生呢?"也许，被海霞改变的，不止是祁健一人。

成功的标准是什么

◎佚　名

上帝听说世间鼎盛，人人都前所未有地崇尚成功，心下窃喜，决定去探听虚实。他召集来若干凡人，问："你们认为什么是成功？"

张三说："成功就是像大款那样有闲有钱。"

李四答："成功就是像明星那样有型有款。"

王老五喊："成功就是像名人那样有头有脸。"

上帝摇头，禁止他们用"像某某一样"句型，众人面面相觑，不明所以。

上帝索性问："成功的标准是谁给的？"

大家小声嘀咕：管他是谁，反正不是我！

上帝不甘心，决心继续考察。

他先是变成了一个有钱人，在花园里，他远远地望见一个

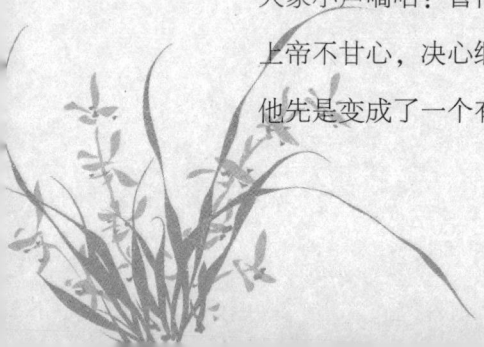

年轻女人正在微笑地注视着在不远处玩耍的孩子和老人，他走上去，说：我是有钱人，你认为我和你谁更成功？

女人笑了，回答："我是孩子的好母亲，父母的好女儿，丈夫的好妻子，单位的好员工，社会的好公民，而你只是有钱人，你说谁更成功？"

"有钱人"继续问："成功的标准难道不是我们这些有钱人给的吗？"

女人说："那上帝造我们这些人出来是干什么的呢？"

上帝满意地走了。

他接着变成了一个明星，在路边，他远远地望见一个中年男子正在悠闲地蹬着自行车，他迎上去，说：我是明星，你认为我和你谁更成功？

男人乐了，回答："我活得坦荡而自由，而你只是个连结没结婚都不敢承认的明星，你说谁更成功？"

"明星"继续问："成功的标准不是我们这些明星给的吗？"

男人说："那这世界岂不是像娱乐圈一样无聊？"

上帝满意地走了。

他最后变成了一个名人，在稻田里，他远远地望见一个老农在种地，他走上去，说："我是名人，你认为我和你谁更成功？"

老农擦了把汗，想了想，回答："俺不知道什么是成功，

俺只知道俺把四个娃都供着念书成人。"

"名人"不屑地说："我能供 40 个娃。"

老农说："可是，你有俺这样的自豪感吗？"

"名人"继续问："成功的标准不是我们这些名人给的吗？"

老农说："俺供俺娃读书的快活可不是你给的。"

上帝有点糊涂了，他反复想着老农的话，心说："难道成功只是享受成功那一刻的快乐？难道成功只是一种快活的情绪？"如此说来——他继而形而上地想：成功只是一种审美情趣？他带着疑问去找马克思，马克思说："上帝先生，美，就是人自身本质力量的对象化。"

"什么意思？通俗点。"

"一个人通过自己的行动和努力，感受到了自己的力量，看到了自己的内心，就会获得美的愉悦。"

上帝明白了——成功也是一样。

成功可以证明许多，但不能证明一切，说到底，"将上帝的归上帝，撒旦的归撒旦"，才是我们看待成功的正确态度。

别让任何人偷走你的梦

☑佚 名

美国某个小学的作文课上，老师给小朋友的作文题目是："我的志愿"。

一位小朋友非常喜欢这个题目，在他的簿子上，飞快地写下他的梦想。他希望将来自己能拥有一座占地十余公顷的庄园，在壮阔的土地上植满如茵的绿。庄园中有无数的小木屋、烤肉区，及一座休闲旅馆。除了自己住在那儿外，还可以和前来参观的游客分享自己的庄园，有住处供他们歇息。

写好的作文经老师过目，这位小朋友的簿子上被划了一个大大的红"X"，发回到他手上，老师要求他重写。

小朋友仔细看了看自己所写的内容，并无错误，便拿着作文簿去请教老师。

老师告诉他："我要你们写下自己的志愿，而不是这些如

梦呓般的空想，我要实际的志愿，而不是虚无的幻想，你知道吗?"

小朋友据理力争："可是，老师，这真的是我的梦想啊!"

老师也坚持："不，那不可能实现，那只是一堆空想，我要你重写。"

小朋友不肯妥协："我很清楚，这才是我真正想要的，我不愿意改掉我梦想的内容。"

老师摇头："如果你不重写，我就不让你及格了，你要想清楚。"

小朋友也跟着摇头，不愿重写，而那篇作文也就得到了大大的一个"E"。

事隔三十年之后，这位老师带着一群小学生到一处风景优美的度假胜地旅行，在尽情享受无边的绿草，舒适的住宿，及香味四溢的烤肉之余，他望见一名中年人向他走来，并自称曾是他的学生。

这位中年人告诉他的老师，他正是当年那个作文不及格的小学生，如今，他拥有这片广阔的度假庄园，真的实现了儿时的梦想。

老师望着这位庄园的主人，想到自己三十余年来，不敢梦想的教师生涯，不禁喟叹：

"三十年来为了我自己，不知道用成绩改掉了多少学生的梦想。而你，是唯一保留自己的梦想，没有被我改掉的。"

一粒米的成功

083

◎ 佚　名

提起台湾首富王永庆，几乎无人不晓。他把台湾塑胶集团推进到世界化工业的前 50 名。而在创业初期，他做的还只是卖米的小本生意。

王永庆早年因家贫读不起书，只好去做买卖。16 岁的王永庆从老家来到嘉义开一家米店。那时，小小的嘉义已有米店近 30 家，竞争非常激烈。当时仅有 200 元资金的王永庆，只能在一条偏僻的巷子里承租一个很小的铺面。他的米店开办最晚，规模最小，更谈不上知名度了，没有任何优势。在新开张的那段日子里，生意冷冷清清，门可罗雀。

刚开始，王永庆曾背着米挨家挨户去推销，一天下来，人不仅累得够呛，效果也不太好。谁会去买一个小商贩上门推销的米呢？可怎样才能打开销路呢？王永庆决定从每一粒米上打

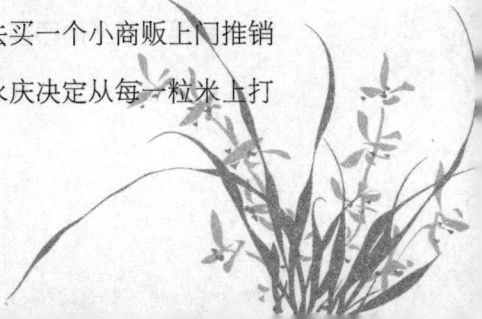

开突破口。那时候的台湾，农民还处在手工作业状态，由于稻谷收割与加工的技术落后，很多小石子之类的杂物很容易掺杂在米里。人们在做饭之前，都要淘好几次米，很不方便。但大家都已见怪不怪，习以为常。

王永庆却从这司空见惯中找到了切入点。他和两个弟弟一齐动手，一点一点地将夹杂在米里的秕糠、砂石之类的杂物捡出来，然后再卖。一时间，小镇上的主妇们都说，王永庆卖的米质量好，省去了淘米的麻烦。这样，一传十，十传百，米店的生意日渐红火起来。

王永庆并没有就此满足。他还要在米上下大功夫。那时候，顾客都是上门买米，自己运送回家。这对年轻人来说不算什么，但对一些上了年纪的人，就是一个大大的不便了。而年轻人又无暇顾及家务，买米的顾客以老年人居多。王永庆注意到这一细节，于是主动送米上门。这一方便顾客的服务措施同样大受欢迎。当时还没有"送货上门"一说，增加这一服务项目等于是一项创举。

王永庆送米，并非送到顾客家门口了事，还要将米倒进米缸里。如果米缸里还有陈米，他就将旧米倒出来，把米缸擦干净，再把新米倒进去，然后将旧米放回上层，这样，陈米就不至于因存放过久而变质。王永庆这一精细的服务令顾客深受感动，赢得了很多的顾客。

如果给新顾客送米，王永庆就细心记下这户人家米缸的容

量，并且问明家里有多少人吃饭，几个大人、几个小孩，每人饭量如何，据此估计该户人家下次买米的大概时间，记在本子上。到时候，不等顾客上门，他就主动将相应数量的米送到客户家里。

王永庆精细、务实的服务，使嘉义人都知道在米市马路尽头的巷子里，有一个卖好米并送货上门的王永庆。有了知名度后，王永庆的生意更加红火起来。这样，经过一年多的资金积累和客户积累，王永庆便自己办了个碾米厂，在最繁华热闹的临街处租了一处比原来大好几倍的房子，临街做铺面，里间做碾米厂。

就这样，王永庆从小小的米店生意开始了他后来问鼎台湾首富的事业。

王永庆成功的例子说明，不要以为创造就非得轰轰烈烈、惊天动地。把一粒米这样细小的工作做好同样也是一种创造。

天　真

◎ 鲍尔吉·原野（蒙古族）

　　天真是人性纯度的一种标志。在成年人身上，即使偶露天真也非常可爱。天真并不诉诸于知识，大学或中专都不培养人的天真，或者说那里只找灭天真。天真只能是性情的流露。

　　"我醉欲眠君且去"，能说出这种话的人惟有李白，如无赖童子。在李白眼里，世事无不美好又无不令人沮丧。这是诗人眼里的生活，但李白赤条条地皈依于美好。他当不上官且囊中缺乏银两，但口出无可置疑之句"天生我才必有用，千金散尽还复来"。李白的天才，毋宁说是十足的天真加上十足的才气。我们多么感谢李白不像绍兴师爷般老辣，也不似孔明那么擅逞谋略，不然文学史黯然矣。

　　人们说"天真无邪"，言天真一物无不洁之念，如孔子修订过的"郑声"一样。但人生岂能无邪？所谓无邪只是无知而

已，像小孩子研泥为丸，放在小盒子里，自以为旷世珍物。所以天真只存在于小孩子身上。每个小孩子都是诗人与幽默家，都讲过妙语。小女鲍尔金娜三岁时，我携她在北陵的河边散步。河水平缓，偶涌浪花，鲍尔金娜惊奇大喊："小河在水里边"。小河——在——水里边，我想了许久。的确，小河若不在水里边，又在什么里边呢？倘若我们也肯于把小河看作是一位生灵的话。鲍尔金娜还讲过"小雨点是太阳公公的小兵"云云。这些话很有些意思，但证明不了她亦是李白。儿童的天真只由无邪而来，一被语文算术绕缠就无法天真了。可见知识是天真的大敌，因而一位有知的成年人还保持天真，无异于奇迹。谁也不能说爱因斯坦无知，但他天真，拒绝以色列总统的职务，说自己"只适合于从事与物理学有关的事情"。这种天真，事实上是一种诚实。诚实最接近于天真。齐白石九十岁的时候，翻出自己七十岁的画稿阅读，说"我年轻时画得多好！"人们对此不禁要微笑，七十岁还叫作年轻吗？况且他说自己"画得多好！"对九旬老者，七十岁只能说是年轻，白石老人多么诚实，又多么天真。在他的作品中，有一幅"他目相呼"，画面上两只小鸡雏各嘰蚯蚓一端怒扯。没有童心，谁能画出这样纯净的作品呢？

　　艺术家的敌人，不外自身而已。自身在浊世中历练的巧慧、诡黠、熟练等等无一不是艺术创作的阻碍。若克服这种种的"俗"，几乎是不可能的，因为你不可能一边争官赚钱，又

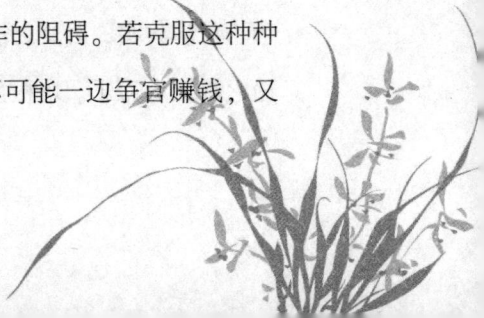

一边保持天真。老天爷不肯把这么多的能力都赋予一个人。国画家从古到今，反复喃喃"师造化"，所师者不外是一股浑然自在的气势。

天真的本性最真。倘若假，可称之表演，与天真无关。一个人原本不必天真，成熟稳练未尝不好，可应付无穷险恶。但最使人难堪的，是一种伪装的天真，它与官场上伪装的老辣同样令人作呕。有的演员在观众前制造憨态，仿佛比处女还要处女，以惹人珍怜。猴子学着熊猫样子翻跟斗，还是猴子，因为太敏捷了。倘若慢慢翻，又显得可疑。只有熊猫翻跟头才憨因为它既痴又笨。有的作家（包括女作家），喜欢在文章中絮叨自己怎样不懂爱情，一付泪眼盈盈的样子。这种"不懂爱情"，无异于劝别人相信从染缸中拽出一匹白布。他们窃以为，"愚"就是"真"。但此技不仅不真，却露出了"真愚"。

天真之"真"，由"天"而出，即余光中先生说的"破空而来，绝尘而去"。它得乎天性，非关技巧。黄永玉先生在《永玉三记》中，说喷嚏是"一秒钟不到的忘乎所以，往往使旁观者惊喜交集"。说镇定是"到处找不到厕所而强作潇洒的那种神气"。精妙，当然也睿智，但也透出说者在语言背后的天真。睿智或许可以模仿，但天真委实无法模仿。有的诗人，被人喊打惶惶如丧家之犬，原因在诗中不恰当地布置了过多的"天真"。其实，为文之道如为人之道，天真只是其中一路，可通之路又有万千。培根如老吏断案，李敖以骂挂帅，昆德拉用

性事揶揄政治，都见不到天真但均可阅可喜。

天真有时是诗，有时睿智，有时幽默，有时也是洞见。中国第一颗核弹在戈壁爆炸成功后，通过红色电波层层传至中央，闻者无不雀跃，惟毛泽东沉静反问，"怎么知道它是核爆炸呢？"一下子把人问住了。有人说已亲眼看见了爆炸场面，但你以前看过吗？你怎能证明它是核爆炸而不是其它爆炸？后来，科研人员用辐射及冲击波数据证明了爆炸当量，呈主席后而释然。毛泽东本质上是诗人，他这个深刻的提问又像一个天真的提问。

对于天真，最妙的回答是一个孩子为"天真"一词造句，曰"今天真热"。

089

撬起世界的最佳支点

◎ 佚 名

在闻名世界的威斯特敏斯特大教堂地下室的墓碑林中，有一块名扬世界的墓碑。

其实这只是一块很普通的墓碑，粗糙的花岗石质地，造型也很一般，同周围那些质地上乘、做工优良的亨利三世到乔治二世等二十多位英国前国王墓碑，以及牛顿、达尔文、狄更斯等名人的墓碑比较起来，它显得微不足道，不值一提。并且它没有姓名，没有生卒年月，甚至上面连墓主的介绍文字也没有。

但是，就是这样一块无名氏墓碑，却成为名扬全球的著名墓碑。每一个到过威斯特敏斯特大教堂的人，他们可以不去拜谒那些曾经显赫一世的英国前国王们，可以不去拜谒那诸如狄更斯、达尔文等世界名人们，但他们却没有人不来拜谒这一块

普通的墓碑，他们都被这块墓碑深深的震撼着，准确地说，他们被这块墓碑上的碑文深深地震撼着。在这块墓碑上，刻着这样的一段话：

"当我年轻的时候，我的想象力从没有受到过限制，我梦想改变这个世界。

当我成熟以后，我发现我不能改变这个世界，我将目光缩短了些，决定只改变我的国家。

当我进入暮年后，我发现我不能改变我的国家，我的最后愿望仅仅是改变一下我的家庭。但是，这也不可能。

当我躺在床上，行将就木时，我突然意识到：如果一开始我仅仅去改变我自己，然后作为一个榜样，我可能改变我的家庭；在家人的帮助和鼓励下，我可能为国家做一些事情。

然后谁知道呢？我甚至可能改变这个世界。"

据说，许多世界政要和名人看到这块碑文时都感慨不已。有人说这是一篇人生的教义，有人说这是灵魂的一种自省。当年轻的曼德拉看到这篇碑文时，顿然有醍醐灌顶之感，声称自己从中找到了改变南非甚至整个世界的金钥匙。回到南非后，这个志向远大、原本赞同以爆治爆垫平种族歧视鸿沟的黑人青年，一下子改变的自己的思想和处世风格，他从改变自己、改变自己的家庭和亲朋好友着手，经历了几十年，终于改变了他的国家。

091

真的，要想撬起世界，它的最佳支点不是地球，不是一个国家、一个民族，也不是别人，而只能是自己的心灵。

要想改变世界，你必须从改变你自己开始；要想撬起世界，你必须把支点选在自己的心灵上。

一根树枝改变命运

◙ 雁　群

　　5 年前的一个春天，一个中国农民到韩国旅游，受朋友之托，在韩国一家超市买了四大袋 30 斤左右的泡菜。回旅馆的路上，身材魁梧的他，渐渐感到手中的塑料袋越来越重，勒得手生疼。他想把袋子扛在肩上，又怕弄脏新买的西装。正当他左右为难之际，忽然看到了街道两边茂盛的绿化树，顿时计上心来。

　　他放下袋子，在路边的绿化树上折了一根树枝，准备当做提手来拎沉重的泡菜袋子。不料，正当他暗自高兴时，便被迎面走来的韩国警察逮了个正着。他因损坏树木、破坏环境，被韩国警察毫不客气地罚了 50 美元。

　　50 美元相当于 400 多元人民币啊，这在国内，能买大半车的泡菜！他心疼得直跺脚。几欲争辩，无奈交流困难，只

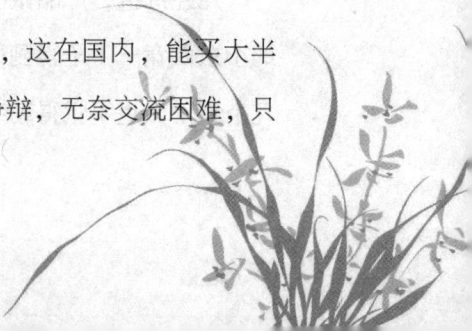

能认罚作罢。

他交完罚款，肚子里憋了不少气，除了舍不得那 50 美元，更觉得自己让韩国警察罚了款，是给中国人丢了脸。越想越窝囊，他干脆放下袋子，坐在了路边。

他看着眼前来来往往的人流，发现路人中也有不少人和他一样，气喘吁吁地拎着大大小小的袋子，手掌被勒得甚至发紫了，有的人坚持不住，还停下来揉手或搓手。他们吃力的样子竟让他觉得有点好笑。

为什么不想办法搞个既方便又不勒手的提手来拎东西呢? 对啊，发明个方便提手，专门卖给韩国人，一定有销路！想到这，他的精神为之一振，暗下决心，将来一定要找机会挽回这 50 美元罚款的面子。

回国之后，他不断想起在韩国被罚 50 美金的事情和那些提着沉重袋子的路人，发明一种方便提手的念头越来越强烈。于是，他干脆放下手头的活计，一头扎进了方便提手的研制中。根据人的手形，他反复设计了好几种款式的提手。为了试验它们的抗拉力，又分别采用了铁质、木质、塑料等几种材料。然而，总是达不到预期的效果，他几乎丧失信心了。但一想到在韩国那令人汗颜的 50 美元罚款，他又充满了斗志。

几经周折，产品做出来了，他请左邻右舍试用，这不起眼的小东西竟一下子得到邻居们的青睐。有了它，买米买菜多提几个袋子，也不觉得勒手了。后来，他又把提手拿到当地的集

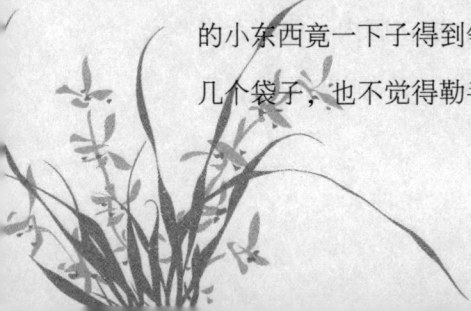

市上推销，但看的人多，买的人少。

这怎么成呢？他急得直挠头。这时候妻子提醒他，把提手免费赠给那些拎着重物的人使用。别说，这招还真奏效，所谓眼见为实，小提手的优点一下子就体现出来了。一时间，大街小巷到处有人打听提手的出处。

小提手出名了，增加了他将这种产品推向市场的信心。但是，他没有忘记自己发明的最终目标市场是韩国。他很快申请了发明专利。接着，为了能让方便提手顺利打进韩国市场，他决定先了解韩国消费者对日常用品的消费心理。

经过反复的调查了解，他发现，韩国人对色彩及形式十分挑剔，处处讲究包装，只要包装精美，做工精良，价格是其次的。于是他决定投其所好，针对提手的颜色进行多样改造，增强视觉效果，又不惜重金聘请了专业包装设计师，对提手按国际化标准进行细致的包装。对于他如此大规模的投资，有不少人投以怀疑的眼光，不相信这个小玩意儿能搞出什么大名堂。可他坚信一个最通俗的道理"舍不得孩子，套不着狼"。

功夫不负有心人，经过前期大量市场调研和商业运作，一周后，他接到了韩国一家大型超市的订单，以每只 0.25 美元的价格，一次性订购了 120 万只方便提手！那一刻他欣喜若狂。

这个靠简单的方便提手吸引韩国消费者的人叫韩振远，凭一个不起眼的灵感，一下子从一个普通农民变成了百万富翁。

而这个变化，他用了不到一年的时间，而且仅仅是个开始。

有人问他是如何成功的，他说是用 50 美元买一根树枝换来的。

一根树枝，不仅搅动了他的财富，而且改变了他的人生。

机遇就像一根树枝，你在它身上开动脑筋，它就帮你改变人生。

上帝的刻刀

◎ 佚 名

在很久以前，在某个地方建起了一座规模宏大的寺庙。竣工之后，寺庙附近的善男信女们就每天祈求佛祖—给他们送来一个最好的雕刻师，好雕刻一尊佛像让大家供奉，于是如来佛就派来了一个擅长雕刻的罗汉幻化成一个雕刻师来到人间。

雕刻师在两块已经备好的石料中选了一块质地上乘的石头，开始了工作。可是，没想到他刚拿起凿子凿了几下，这块石头就喊起痛来。

雕刻的罗汉就劝它说："不经过细细的雕琢，你将永远都是一块不起眼的石头，还是忍一忍吧。"

可是，等到他的凿子一落到石头身上，那块石头依然哀嚎不已："痛死我了，痛死我了。求求你，饶了我吧！"雕刻师实在忍受不了这块石头的叫嚷，只好停止了工作。于是，罗汉

就只好选了另一块质地远不如它的粗糙石头雕琢。虽然这块石头的质地较差，但它因为自己能被雕刻师选中，而从内心感激不已，同时也对自己将被雕成一尊精美的雕像深信不疑。所以，任凭雕刻师的刀琢斧敲，它都以坚忍的毅力默默的承受过来了。

雕刻师则因为知道这块石头的质地差一些，为了展示自己的艺术，他工作的更加卖力，雕琢的更加精细。

不久，一尊肃穆庄严、气魄宏大的佛像赫然立在人们的面前，大家惊叹之余，就把它安放到了神坛上。

这座庙宇的香火非常的鼎盛，日夜香烟缭绕，天天人流不息。为了方便日益增加的香客行走，那块怕痛的石头被人们弄去填坑筑路了。由于当初承受不了雕琢之苦，现在只得忍受人来车往、车碾脚踩的痛苦。看到那尊雕刻好的佛像安享人们的顶礼膜拜，内心里总觉得不是滋味。

有一次，它愤愤不平地对正路过此处的佛祖说："佛祖啊，这太不公平了！您看那块石头的资质比我差得多，如今却享受着人间的礼赞尊崇，而我却每天遭受凌辱践踏，日晒雨淋，您为什么要这样的偏心啊？"

佛祖微微一笑说："它的资质也许并不如你，但是那块石头的荣耀却是来自一刀一锉的雕琢之痛啊！你既然受不了雕琢之苦，只能最后得到这样的命运啊！"

我想，我们每个人都像上帝脚边的一块石料，当你发愿要

做什么，要在某一领域成就什么的时候，上帝他会看的见。他要给你的前路摆放一堆你需历经的苦难。当你忍受这一个又一个苦难，跨越这一番又一番磨练，向着心中的目标迈进的时候，上帝的刻刀已在你身上雕琢了一遍又一遍。你不要报怨，那是上帝在成就你的心愿！（当然，也因为成就这一切、洞悉这一切的是上帝，所以我们应平静的接受必须经受和忍受的一切，如果额外自己去找苦吃，只为吃苦而受的苦，也许并没有什么实际的意义。）

据不同的文献记载，王羲之苦练书法二十年，写完了十八缸水；贝多芬练琴专注时，手指在键盘上练得滚烫滚烫的，为了能长时间的弹下去，他把手指放在水中泡凉后再接着弹。

古今中外大凡有成就者，无一不是吃过苦中之苦、并且经历过巨大苦难的。古人云："故天将降大任于斯人也，必先苦其心志，劳其筋骨，饿其体肤，空乏其身……"大浪淘沙，百炼成金，雕琢能让玉器更趋于完美，忍受雕琢之苦方能成大器。所以走过苦难，经过锤炼的生命会绽放出不可思议的光彩！

一条拒绝沉没的船

◎ 梁阁亭

他还很小的时候，父母就离异了。他常常被别的孩子一次次打倒在地，不甘受欺负的他迷恋上了拳击，骨子里的硬气，激励他成为拳王阿里那样的传奇英雄。高中毕业以后，他踏上了职业拳击手之路，不服输的他曾创下 5 年内 17 次击倒对手的骄人战绩。但在 1971 年的一场拳击比赛中，他脑部受到了对手的致命重创。无可奈何，他含泪告别了拳坛。

身无分文的他只身来到纽约，抱着试试看的想法，参加了一个演员培训班，白天靠打工维持生计，晚上拼命学习表演。默默地跑了足足 7 年龙套之后，1979 年，22 岁的他得到了一个宝贵的机会，在大导演斯蒂芬·斯皮尔伯格执导的《1941》中充当了一个小角色，踏入了好莱坞之门。就这样，他一步步走出困厄。

1983 年，他可谓"春风得意马蹄疾，一日看尽长安花"，主演了电影《局外人》和《斗鱼》。这两部大戏，他的戏码很重，演得也格外出彩，一时间好评如潮。他的性感形象深入人心，被评为"美国最性感男人"。年少轻狂的他开始目空一切，生活也更加放荡不羁。但命运之神摇摇头，为他打开另一扇门。他主演的黑帮片《龙年》，由于讲述的是美国警察对抗纽约华人黑帮的故事，上映后遭遇到了当地华人的强烈抵制，票房继而惨败，这对于正扶摇直上的他是个不小的打击。性格暴戾的他决定重返拳坛。

4 年的职业拳击手生涯虽然算得上战功彪炳，只可惜代价太惨重。沉溺酒精、烟草，还有对手疯狂的击打，都让大帅哥的脸开始严重变形。更惨的是整容还碰上庸医。嘴被整得干瘪，额头因为注射了玻尿酸变得不再生动。从他的脸上，已经看不到当年那个好莱坞宠儿的一丝影子，脑子也在无数次无情的击打中严重受损。无奈的他再一次回到影坛，渴望东山再起。由于不能收敛自己火暴的脾气，1994 年，他因被控家庭暴力而锒铛入狱。

残缺不堪、反复无常的命运令不能左右自己情绪的他痛苦万分，甚至一度想到了结束自己的生命。但当看到自己的那个亲密朋友吉娃娃 Loki 可怜巴巴地看着自己，似乎在说："如果你死了，谁来照顾我？"。他打消了可耻的想法，他不忍让这条陪伴自己 18 年的老狗无人照看。他决定振作起来，第三次

杀回影坛。

再次杀回影坛的他英俊消逝，时光也将他的尖锐磨平。屏幕上多了一张熟悉而又陌生的"新面孔"。斑驳的脸、花白的头发和永远都叼着的烟，一个中规中矩、内心平静的个性演员。在《罪恶之城》中他扮演了面目狰狞、心地善良的壮汉马弗，他为了心爱的人而豁出性命去复仇，这部影片获得了影迷的认可，他也再次赢得关注。

新影片《摔角王》再一次给了他重新实现自己的绝好机会。现实中的他和片中主人公兰迪的境遇如此相像，他觉得就像是自己在演自己。不同的是，兰迪倒在了摔角场中，而米基重新站了起来，保持一个男人的胜利姿势。《摔角王》不仅获得了威尼斯金狮奖，也为他赢得了多个最佳男主角的提名。

爱过方知情重，醉过方知酒浓。这个名叫米基·洛克的男人早已不是《斗鱼》中的性感帅哥，也不是拳击场上嘶吼拼命的毛头小子。经历了30年浮沉，53岁的他早已淡定的面对一切，人间红紫，只不过是过眼云烟而已。

英国一家船舶博物馆收藏了一条船，这条船自下水以来，138次遭遇冰山，116次触礁，27次被风暴折断桅杆，13次起火，但是它一直没有沉没。伤痕累累依然勇往直前、百折不回、拒绝沉没，这是一条船的启示，这是一部戏的内涵，这是一个人的精神。

米基·洛克，带给我们：一个角色，一股力量，一种精神。

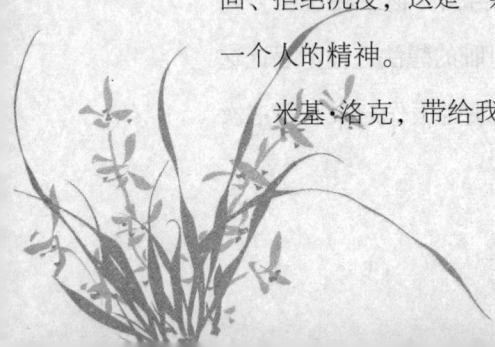

认真的快递小子

◙ 石　文

　　他是个快递小子，20岁出头，其貌不扬，还戴着厚厚的眼镜，一看就知道刚做这行，竟然穿了西装打着领带，皮鞋也擦得很亮。说话时，脸会微微地红，有些羞涩，不像他的那些同行，穿着休闲装平底鞋，方便楼上楼下地跑，而且个个能说会道。

　　几乎每天都有一些快递小子敲门，有些是接送快递的物品，但大多是来送名片，宣传业务。现在的快递公司很多，也确实很方便，平常公事私事都离不开他们。所以他们送来的名片，我们都会留下，顺手塞进抽屉里，用的时候随便抽一张，不管张三李四，打个电话，很快就会过来一个穿着球鞋背着大包的男孩子。

　　那次他是第一次来，也是送名片。只说了几句话，说自己

是哪家公司的，然后认真地用双手放下名片就走了。皮鞋踩在楼道的地板上发出清脆的响声。有同事说，这个傻小子，穿皮鞋送快件，也不怕累。

几天后又见到他。接了他名片的同事有信函要发，兴许丁军辉的名片在最上面，就给他打了电话。电话打过去，十几分钟的样子，他便过来了。还是穿了皮鞋，说话还是有些紧张。

单子填完，他慎重地看了好几遍才说了谢谢，收费找零，零钱，谨慎地用双手递过去，好像完成一个很庄重的交接仪式。

因为他的厚眼镜他的西装革履，他的沉默他的谨慎，就下意识地记住了他。隔了几天给家人寄东西，就跟同事要了他的电话。

他很快过来，仔细地把东西收好，带走。没隔几天，又送过几次快件过来。

刚做不久的缘故，他确实要认真许多，要确认签收人的身份，又等着接收后打开，看其中的物品是否有误，然后才走。所以他接送一个快件，花的时间比其他人要多一些，由此推算，他赚的钱不会太多。觉得这个行业，真不是他这样的笨小子能做好的。

转眼到了"五一"，放假前一天快中午的时候，听到楼道传来清晰的脚步声，随后有人敲门。竟然是他，丁军辉。他换了件浅颜色的西装，皮鞋依旧很亮。手里提着一袋红红的橘

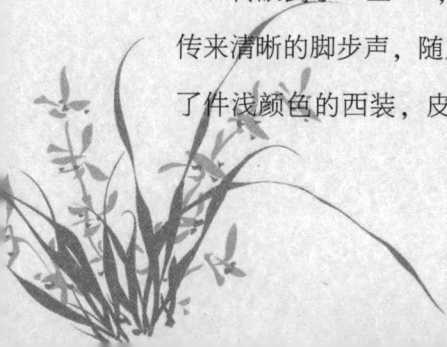

子，进了门没说话，脸就红了。

是你啊？同事说。有我们的快件吗？他摇头，把橘子放到茶几上，看起来很不好意思，说，我的第一份业务，是在这里拿到的。我给大家送点水果，谢谢你们照顾我的工作，也祝大家劳动节快乐。

这是印象中他说得最长的一句话，好像事先演练过，很流畅。

我们都有些不好意思起来，这么长时间，还没有任何有工作关系的人来给我们送礼物呢，而他，只是一个凭自己努力吃饭的快递小子，也只是无意让他接了几次活，实在谈不上谁照顾谁。他却执意把橘子留下来，并很快道别转身就出了门。

应该是街边小摊上的水果，橘子个头都不大，味道还有一点儿酸涩。可是我们谁也没有说一句挑剔的话。半天，有人说道，这小子，倒笨得挺有人情味的。

也许因为他的橘子、他的人情味，再有快递的信件和物品，整个办公室的人都会打电话找他。还顺带着把他推荐给了其他部门。

丁军辉朝我们这里跑得明显勤了，有时一天跑了四趟。

这样频繁地接触，大家也慢慢熟悉起来。丁军辉在很热的天气里也要穿着衬衣，大多是白色的，领口扣得很整齐。始终穿皮鞋，从来都不随意。有次同事跟他开玩笑说，你老穿这么规矩，一点不像送快递的，倒像卖保险的。

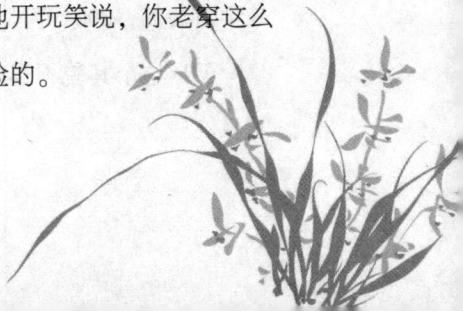

他认真地说，卖保险都穿那么认真，送快递的怎么就不能？我刚培训时，领导说，去见客户一定要衣衫整洁，这是对对方最起码的尊重，也是对我们职业的尊重。

同事继续打趣他，对领导的话你就这么认真听啊？

听领导的话当然要认真，他根本不介意同事是调侃他，依旧这样认真地解释。

我们又笑，他大概是这行里最听话的员工吧？这么简单的工作，他做得比别人辛苦多了，可这样的辛苦，最后能得到什么呢？他好像做得越来越信心百倍，我们的态度却不乐观，觉得他这么笨的人，想发展不太容易。

果然，丁军辉的快递生涯一干就是两年。

两年里他除去换了一副眼镜，衣着和言行基本上没有变化。工作态度依旧认真，从来没听到他有什么抱怨。

那天我打电话让他来取东西。我的大学同窗在一所中专学校任教，"十一"结婚，我有礼物送她。填完单子，丁军辉核对时冷不丁地说，啊，是我念书的学校。他的声音很大，把我吓了一跳。他又说，我也是在那里毕业的。

这次我听明白了，不由抬起头来，有些吃惊地看着他。你也在那里上过学吗？

可能那个地址让他有些兴奋，一连串地说，是啊是啊，我是学财会的，2004年刚毕业。

天！这个其貌不扬的快递小子，竟然是个正规学校的中专

生。

我忍不住问他，你有学历也有专业特长，怎么不找其他工作？

面对这样的询问，他有些不好意思，说，当时没以为专业适合的工作那么难找，找了几个月才发现实在太难了。我家在农村，挺穷的，家里供我念完书就不错了，哪能再跟他们要钱。正好快递公司招快递员，我就去了。干着干着觉得也挺好的。

那你当初学的知识不都浪费了？我还是替他惋惜。

不会啊。送快递也需要有好的统筹才会提高效率，比如把客户根据不同的地域、不同的业务类型明细分类，业务多的客户一般送什么，送到哪里，私人的如何送……通常看到客户电话，就知道他的具体位置，大概送什么，需要带多大的箱子……他嘻嘻地笑，知识哪有白学的？

我真对他有些另眼相看了，没想到笨笨的他这么有心，而他的话，也真有着深刻的道理。

转眼又到了"五一"，节前总会有往来的物品，那天给丁军辉打电话来取东西，电话是他接的，来的却是另外一个更年轻的男孩。说，我是快递公司的，丁主管要我来拿东西。

我愣了一下，转念明白过来。说，丁军辉当主管了？

是啊。男孩说，年底就去南宁当分公司的经理了。都宣布了。

男孩和丁军辉明显不一样，有些自来熟，话很多，不等我们问，就说，上次公司会议上宣布的，提升的理由好几条呢：他是公司唯一干得最长的快递员，是唯一有学历的快递员，是唯一坚持穿西装的快递员，是唯一建立客户档案的快递员，是唯一没有接到客户投诉的快递员。

男孩絮絮叨叨说了半天，才把我要发的物件拿走。因为丁军辉的事，那天，我心里感到由衷的高兴。

当天下午，丁军辉的快递公司送来同城快件，是一箱进口的橙子。虽然没有卡片没有留言，我们都知道是他送的。拆开后每人分了几个放到桌上。

橙子很大，色泽鲜艳，味道甜美。隔着这些漂亮的橙子，我却看到了那些小小的橘子。它们，是那些小橘子开出的花吗？

我终于相信了，认真是有力量的，那种力量，足以让小小的青涩橘子开出花来。

每次只追前一名

⊙ 佚 名

一个女孩，小的时候由于身体纤弱，每次体育课跑步都落在最后。这让好胜心极强的她感到非常沮丧，甚至害怕上体育课。这时，女孩的妈妈安慰她"没关系的，你年龄最小，可以跑在最后。不过，孩子你记住，下一次你的目标就是：只追前一名。"

小女孩点了点头，记住了妈妈的话。再跑步时，她就奋力追赶她前面的同学。结果从倒数第一名，到倒数第二、第三、第四……一个学期还没结束，她的跑步成绩已到中游水平，而且也慢慢地喜欢上了体育课。

接下来，妈妈把"只追前一名"的理念，引申到她的学习中，"如果每次考试都超过一个同学的话，那你就非常了不起啦！"

就这样，在妈妈这种理念的引导教育下，这个女孩 2001 年居然从北京大学毕业，并被哈佛大学以全额奖学金录取，成为当年哈佛教育学院录取的唯一一位中国应届本科毕业生。她就是朱成。其后，朱成在哈佛攻读硕士学位、博士学位。读博期间，她当选为有 11 个研究生院、1.3 万名研究生的哈佛大学研究生总会主席。这是哈佛 370 年历史上第一位中国籍学生出任该职位，引起了巨大轰动。

"只追前一名"，就是所谓的"够一够，摘桃子"。没有目标便失去了方向，没有期望便失去了方向，没有期望便失去了动力。但是，目标太高、期望太大的结果，不是力不从心，便是半途而废。明确而又可行的目标，真实而又适度的期望，才能引领人脚踏实地，胸有成竹的朝前走。

擦了五年玻璃后

◎ 陈晓东

他只身从农村来到城市，只有初中毕业，身体非常单薄，只能找点比较轻的体力活干。他到了一家保洁公司，主要工作就是擦玻璃，公司管食宿，每月工资 300 元。

他很满足，干起活来十分卖力。有人问他："你这么小，为什么不在家上学，出来受罪赚这点钱？"他说："我家里穷，父亲瘫了，母亲种地，家里没钱供我上学，我文化太低，能有这份工作已很满足了，每月还能给家里寄点钱呢。"

他在这家保洁公司一直擦玻璃，他的同事换了一批又一批，有的甚至刚做三四天就因为嫌薪水少、干活脏走了，他一直坚守着这个位置。整整五年，他已经是二十多岁的大小伙子，这座城市里的写字楼、宾馆、商场他几乎都去服务过多次。他工作一如既往的卖力，一丝不苟，很多顾客还点名要公

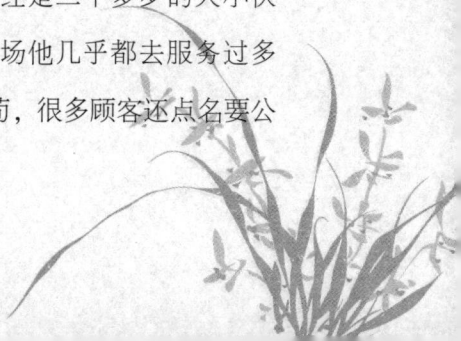

司派他过来，他简直成了公司的形象代言人。

人们都知道他，他和他的服务对象成了熟人和朋友。有一天，有个新来的女孩问他："听说你擦了五年的玻璃，每月只挣 300 块钱，为什么不换个工作呢？"他笑笑说："会换的。"

有一天，人们熟知的擦玻璃工突然消失了。几天后，一家快餐店开业了，老板就是擦了五年玻璃的他。快餐很适应城市的快节奏，竞争自然异常激烈，而他的快餐店却很快打开了局面。

原因很简单，他在擦玻璃的五年，走遍了每个写字楼、宾馆、商场，结识了里面的人，五年擦玻璃的表现已经给人们留下了深刻的印象。当他的快餐店发展到整个城市的角落，资产逾千万时，认识他的人无不感慨地说："这位老板曾擦了五年的玻璃。"

有记者采访他，问他如何从一个擦玻璃的打工仔开快餐店，并在众多实力雄厚的竞争对手中脱颖而出时。他只说了一句："因为我曾为人擦过五年的玻璃，并且擦得很好！"

人生低谷时的锅底法则

113

◎ 姜钦峰

他出生的时候，恰逢抗战胜利，父亲欣喜之下，就给他取名凌解放，谐音"临解放"，期盼祖国早日解放。几年后，终于盼来全国解放，但是凌解放却让父亲和老师们伤透了脑筋。他的学习成绩实在太糟糕，从小学到中学都留过级，一路跌跌撞撞，直到21岁才勉强高中毕业。

高中毕业后，凌解放参军入伍，在山西大同当了一名工程兵。那时，他每天都要沉到数百米的井下去挖煤，脚上穿着长筒水靴，头上戴着矿工帽、矿灯，腰里再系一根绳子，在齐膝的黑水中摸爬滚打。听到脚下的黑水哗哗作响，抬头不见天日，他忽然感到一种前所未有的悲凉，自己已走到了人生的谷底。

就这样过一辈子，他心有不甘。每天从矿井出来后，他就

一头扎进了团部图书馆，什么书都读，甚至连《辞海》都从头到尾啃了一遍。其实，他心里既没有明确的方向，也没有远大的目标，只知道，如果自己再不努力，这辈子就完了。以当时的条件，除了读书，他实在找不出更好的办法来改变自己。

书越看越多，渐渐地，他对古文产生了浓厚兴趣。在部队驻地附近，有一些破庙残碑，他就利用业余时间，用铅笔把碑文拓下来，然后带回来潜心钻研。这些碑文晦涩难懂，书本上找不到，既无标点也没有注释，全靠自己用心琢磨。吃透了无数碑文之后，不知不觉中，他的古文水平已经突飞猛进，再回过头去读《古文观止》等古籍时，就非常容易。当他从部队退伍时，差不多也把团部图书馆的书读完了。就连他自己也没想到，正是这种漫无目的的自学，为自己日后的事业打下了坚实基础。

转业到地方工作后，他又开始研究《红楼梦》，由于基本功扎实，见解独到，很快被吸收为全国红学会会员。1982 年，他受邀参加了一次"红学"研讨会，专家学者们从《红楼梦》谈到曹雪芹，又谈到他的祖父曹寅，再联想起康熙皇帝，随即有人感叹，关于康熙皇帝的文学作品，国内至今仍是空白。言谈中，众人无不遗憾。说者无心，听者有意，他心里忽然冒出一个念头，决心写一部历史小说。

这时候，他在部队打下的扎实的古文功底，终于派上了大用场，在研究第一手史料时，他几乎没费吹灰之力。盛夏酷

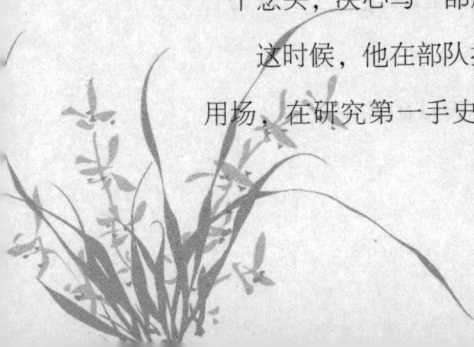

暑，他把毛巾缠在手臂上，双脚泡在水桶里，既防蚊子又能取凉，左手拿蒲扇，右手执笔，拼了命地写作。几乎是水到渠成，1986 年，他以笔名"二月河"出版了第一部长篇历史小说——《康熙大帝》。从此，他满腔的创作热情，就像迎春的二月河，激情澎湃，奔流不息。他的人生开始解冻。

毫无疑问，如果没有在部队的自学经历，就没有后来名满天下的二月河。他在 21 岁时跌入了人生最低谷，又在不惑之年步入巅峰，从超龄留级生到著名作家，其间的机缘转折，似乎有些误打误撞。但二月河不这么理解，他说："人生好比一口大锅，当你走到了锅底时，只要你肯努力，无论朝哪个方向，都是向上的。"

和命运结伴而行

◙ 周国平

命运主要由两个因素决定：环境和性格。环境规定了一个人的遭遇的可能范围，性格则规定了他对遭遇的反应方式。由于反应方式不同，相同的遭遇就有了不同的意义，因而也就成了本质上不同的遭遇。我在此意义上理解赫拉克利特的这一名言："性格即命运。"

但是，这并不说明人能决定自己的命运，因为人不能决定自己的性格。

性格无所谓好坏，好坏仅在于人对自己的性格的使用，在使用中便有了人的自由。

就命运是一种神秘的外在力量而言，人不能支配命运，只能支配自己对命运的态度。一个人愈是能够支配自己对于命运的态度，命运对于他的支配力量就愈小。

"愿意的人，命运领着走。不愿意的人，命运拖着走。"太简单一些了吧？活生生的人总是被领着也被拖着，抗争着但终于不得不屈服。

昔日的同学走出校门，各奔东西，若干年后重逢，便会发现彼此在做着很不同的事，在名利场上的沉浮也相差悬殊。可是，只要仔细一想，你会进一步发现，各人所走的道路大抵有线索可寻，符合各自的人格类型和性格逻辑，说得上各得其所。

上帝借种种偶然性之手分配人们的命运，除开特殊的天灾人祸之外，它的分配基本上是公平的。

偶然性是上帝的心血来潮，它可能是灵感喷发，也可能只是一个恶作剧，可能是神来之笔，也可能只是一个笔误。因此，在人生中，偶然性便成了一个既诱人又恼人的东西。我们无法预测会有哪一种偶然性落到自己头上，所能做到的仅是——如果得到的是神来之笔，就不要辜负了它；如果得到的是笔误，就精心地修改它，使它看起来像是另一种神来之笔，如同有的画家把偶然落到画布上的污斑修改成整幅画的点睛之笔那样。当然，在实际生活中，修改上帝的笔误绝非一件如此轻松的事情，有的人为此付出了毕生的努力，而这努力本身便展现为辉煌的人生历程。

人活世上，第一重要的还是做人，懂得自爱自尊，使自己有一颗坦荡又充实的灵魂，足以承受得住命运的打击，也配得

上命运的赐予。倘能这样，也就算得上做命运的主人了。

浮生若梦，何妨就当它是梦，尽兴地梦它一场？世事如云，何妨就当它是云，从容地观它千变？

事情对人的影响是与距离成反比的，离得越近，就越能支配我们的心情。因此，减轻和摆脱其影响的办法就是寻找一个立足点，那个立足点可以使我们拉开与事情之间的距离。如果那个立足点仍在人世间，与事情拉开了一个有限的距离，我们便会获得一种明智的态度。如果那个立足点被安置在人世之外，与事情隔开了一个无限的距离，我们便会获得一种超脱的态度。

大损失在人生中的教化作用：使人对小损失不再计较。

往人少的地方走

⊡ 吴 冰

在我大学毕业时，同学小刘作出了一个与众不同的决定，他不找工作，一个人租了个小屋子，默默地从事网络翻译的工作。在我们这一帮同窗好友眼里，这样的行为显得很出格，几乎没有人看好他。我们认为，一个刚毕业的大学生菜鸟，最好的路子就是找一个好的单位，老老实实地学本领、长经验，然后才可能有好出路。很多亲朋好友都苦苦相劝，但小刘谢绝了。

参加工作后，我们都有了自己的东家，每天都像陀螺一样围着工作打转，将其伺候好，然后拖着疲累的身子回家，领着微薄的薪水度日。在这一个房价飞涨的时代，我们多数工薪一族都是过着勤俭持家的日子。偶尔在网上或电话里闲聊时，都忍不住拿小刘同学调侃一番。

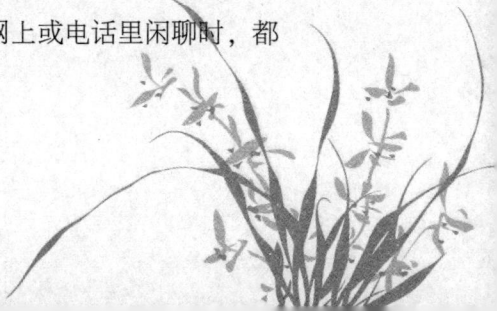

3年时间一眨眼过去了，虽然我们很多人毕业时都信誓旦旦地说，一旦在单位里学到本领，积累够经验，马上离开，跳出去打拼一番属于自己的事业。现在，多数人在单位这一个避风港里，已经失去了面对大风浪和新环境的勇气。辞职创业逐渐成了一种空洞的口号，不是以金融危机、市场不景气为借口，就是以失业率高、好工作难找为理由，有了家庭和职务的人，更是彻底地放弃了这一种念头。

不过，我们班上还是有一位同学开了自己的公司，成了知名的经营主，他就是小刘。

在一次同学会上，小刘告诉我们，成功往往取决于你敢不敢往人少的地方走。可能会有未知的风险，但因为没人或少人来过，留给你的才有可能硕果累累。大家都惧怕风险和危险，都宁愿选择往那些最多人走过的路前行，在别人开辟和挖掘出来的老路上行走，虽然看起来很安全，但因为走的人太多，所有的财富与资源早就被人占有。即使幸运地新发现了一小部分，也必然会被蜂拥的人群争抢与瓜分。走这样的路，又怎么会有大收获呢？

询问司马迁

◎ 林 彬

　　曾经有过多少难忘的瞬间，沉思冥想地猜测着司马迁偃蹇的命运，痛悼着他灾难的遭遇。有时在晨曦缤纷的旷野里，有时在噪时喧嚣的城市中，这位比我年轻十来岁的哲人，好像就站立在自己的身旁。我充满兴趣地向他提出数不清的命题，等待着听到他睿智的答案，他就滔滔不绝地诉说着许多使我困惑的疑问。只要还能够在人世间生存下去，我就一定会跟他继续着这样的对话，永远也不会终结地询问和思索下去。

　　这是因为他孜孜不倦地追求着的目标："究天人之际，通古今之变，成一家之言"，始终在猛烈地拨动着我的心弦，还深沉地埋藏在那里，似乎要等待着发芽和滋长，有时却又响亮地呼啸和奔腾起来。我深深地感到了他的这句话语，恰巧是道出人类历史上所有思想者澎湃的心声。一个真正是严肃和坚韧

的思想者，一个真正是诚挚地探索着让人们生活得更为美好的思想者，肯定会像他这样全面地思虑着人类与宇宙的关系，考察着历史往前变迁的轨迹，然后再写出自己洋溢着独创见解和深情厚意的著作来。

司马迁对于自己这种异常卓绝的目标，究竟追求和完成得如何呢？我常常在反复地思索着这一点。从他贡献出这部囊括华夏的全部事迹，写得如此完整、详尽、清晰、鲜明和动人的《史记》来说，毫无疑问地应该被推崇为中国最伟大的历史学家。比起几千年间中国所有封建皇朝的多少史家来，他应该说是完成得分外出色的。更何况他是在蒙受官刑的惨痛和耻辱中，蘸着浓烈的鲜血，颤抖着受害的身躯奋力去完成的。

对于清高的士大夫说来，官刑是一种多么巨大的耻辱。因此司马迁始终都沉匿在晦暗和浓重的阴影里面，不仅仅迸发出一回剧烈得足以致命的伤痛，而且肯定还像有多少狰狞的魔鬼，在戏弄和蹂躏着自己的身躯，无穷无尽的羞耻在血管里不住地盘旋和冲撞，快要敲碎胸膛里面这一颗晶莹明亮的心。此时此刻就会像他在《报任安书》里所说的那样，冒出一身淋漓的大汗，肝肠都似乎要寸寸地断裂，在一阵阵眩目的昏晕中咬牙切齿地挣扎着，如果倾斜着跌倒在地上，就一定会僵硬地死去。这时候如果赶快去旷野里走走，让阳光底下的微风轻轻地吹拂着头颅，也许浑身的血脉会稍稍地舒缓过来，然而他又绝对不敢跨出自己的门槛去。有多少嘲笑、讥讽和猥亵的眼光，

像涂抹着毒药的箭镞，正扣在绷紧的弓弦上，焦急地等待着自己的胸脯射来。只有偷偷地躲藏在屋子里，先是轻轻地呻吟和叹息，逐渐让浑身凝住的鲜血慢慢地流淌开来，再用悄悄的长啸与悲歌，稳定和凝聚着自己生存下去的意志。在凄惨、浑浊和肮脏得像粪土般的人世中，低下头颅默默地咀嚼着刻骨铭心的痛苦，使尽浑身的气力拼搏着去撰写，像如此剧烈和惨痛的身心交瘁，能不能把这追求的目标发挥得使自己异常满意呢？我猜想他的回答大概是否定的。

遭受着如此羞耻和痛楚的宫刑，几乎是让司马迁永远跌入了濒临死亡的精神炼狱。造成这事件的原因简直太荒唐了，只是因为汉武帝刘彻在上朝召问时，他曾诚心诚意地替在沙漠绝域中转战杀敌，最终寡不敌众而败降匈奴的李陵游说。他的出发点真可说是忠心耿耿，想为朝廷争取更多的人心，却未曾预料到竟会触怒皇上那根敏感和多疑的神经，因为刘彻立即觉得这会涉及到贰师将军李广利，也许当时就在心里气愤地责骂司马迁，难道你不知道李广利是孤家宠妃李夫人的兄长？他那时统率着征战的全部军队，在李陵冒死激战时，却并未建立任何的功勋，为李陵说情不就会低毁自己的这个外戚和佞幸？于是在盛怒之下，狠狠地斥责着司马迁，将他投入了监狱，还听从不少臣子谄媚和附和自己意向的谗言，哪里顾得上司马迁的性命与尊严，竟判定了用宫刑来狠狠地惩罚和侮辱他。

正是这种"顺我者昌，送我者亡"的专制主义统治方式，

造成了几千年中间的谄媚、拍马、谗言、倾轧、钩心斗角，以及种种阴险毒辣的陷害和杀戮。谁如果想要爬上这专制王朝金字塔的顶层，不揣摩透那些无耻而又狠毒的权谋，恐怕就无法实现自己利欲熏心的目标。因此像那些看起来是道貌岸然的人们，却早已衍变成了跨起双腿走路的野兽。而对并无野心汲汲于往上攀附的人们来说，虽不必终日都熙熙攘攘和蝇营狗苟，昧着良心沉溺在笑里藏刀的势利场中，却也只好恐惧与孤独地谨言慎行，不敢有半句话儿触犯专制帝王的万千忌讳，于是在这种盲目的服从中间，逐步滋生和壮大的奴性习气也就盛行起来，浓重地笼罩着整个民族的顶空。

不过司马迁这一颗始终追求善良和正义的心灵；总是在剧烈而又严肃地跳荡着，召唤和催促他在尽量不违背"尊卑贵贱之序"的前提底下，实实在在地抒写着许多人物的种种事迹。如写刘邦，在《高祖本纪》中惟妙惟肖地写他的宽厚和容人，好色与好货；在《项羽本纪》中又活灵活现地写他无赖的品行。怎么能在项羽威胁他要是再不投降的话，就立即烹煮他的父亲时，竟狡猾奸诈地表示自己曾跟项羽结拜为兄弟，这样说来应该算是项羽在屠杀生父了，丧心病狂地提出等到煮熟以后，分一杯羹汤给自己尝尝滋味。真把刘邦这副流氓的嘴脸写得淋漓尽致。实在是极其强烈地揭露出他内心的丑恶。幸亏他已经长眠在陵墓中，再也看不见司马迁替自己勾勒出来的丑态，否则的话肯定会龙颜大怒，区区的宫刑恐怕就远远地不够

打发了。

在受尽专制君王肆意蹂躏和惩罚的淫威底下，依旧保持着这种秉笔直书的品格和勇气，实在太值得钦佩和敬仰了，怪不得班固又会这样衷心地称颂他"其文直，其事核。不虚美，不隐恶"了。而据范晔《后汉书·蔡邕传》中的记载，那个诛杀了奸臣董卓的王允，在斥蔡邕时竟说出这样的话儿，"昔武帝不杀司马迁，使作谤书，流于后民"。真是乱世人命，贱如尘埃。在相互屠戮中杀红了眼的武夫，哪里会把像司马迁这样杰出的文人放在眼里？而且还萌生如此凶狠和险恶的念头，真不知比汉武帝还要厉害出多少倍，读起来实在令人毛骨悚然。在专制制度凶狠、酷烈和暴虐的熏陶底下，真能如此毒化和扭曲人们的灵魂，会变得那样的残忍、恶劣和丧失人性。

鲁迅深受司马迁的影响，十分钦佩地称赞《史记》是"史家之绝唱，无韵之离骚"。他在自己的《灯一下漫笔》中还议论过，每当改朝换代的"纷乱至极之后，就有一个较强，或较聪明，或较狡猾，或是外族的人物出来，较有秩序地收拾了天下。厘定规则：怎样服役，怎样纳粮，怎样磕头，怎样颂圣。"他在写下这段文字时，也许脑海中会晃荡过项羽和刘邦的影子罢?然而给予了鲁迅的这种启发的司马迁，他在撰述《高祖本纪》和《项羽本纪》时，也曾浮起鲁迅这些想法吗？这真是一个神秘而又深刻的历史之谜。

生存在司马迁抑或蔡邕那样的环境中间，无论是张开嘴唇

125

说话，或者握着笔管写作，都会埋藏着深深的危机，说不准什么时候惩罚就会降临头顶，屠戮就会夺去生命。司马迁竟敢于在如此危险的缝隙中间，写出自己辉煌和浩瀚的《史记》来，确实是太壮烈和伟大了。然而他有时候无法更绚丽地完成自己这个宏伟的目标，那只能说是时代限制了他，限制了他思想和精神的苦苦追求。有幸生活在两千多年之后的思想者，无沦从早已冲破了专制王朝的罗网来说，从早已沐浴着追求平等的精神境界来说，都可以更为方便地完成他所提出的目标。

　　"究天人之际，通古今之变，成一家之言"这个迷人的目标，正等待着今天和明天的多少思想者，去艰苦卓绝地向着它冲刺。

一次成功就够了

◉ 汪金友

有一个人，一生中经历了 1009 次失败。但他却说："一次成功就够了。"

5 岁时，他的父亲突然病逝，没有留下任何财产。母亲外出做工。年幼的他在家照顾弟妹，并学会自己做饭。

12 岁时，母亲改嫁，继父对他十分严厉，常在母亲外出时痛打他。

14 岁时，他辍学离校，开始了流浪生活。

16 岁时，他谎报年龄参加了远征军。因航行途中晕船厉害，被提前遣送回乡。

18 岁时，他娶了个媳妇。但只过了几个月，媳妇就变卖了他所有的财产逃回娘家。

20 岁时，他当电工、开轮渡，后来又当铁路工人，没有

一样工作顺利。

30 岁时，他在保险公司从事推销工作，后因奖金问题与老板闹翻而辞职。

31 岁时，他自学法律，并在朋友的鼓动下干起了律师行当。一次审案时，竟在法庭上与当事人大打出手。

32 岁时，他失业了，生活非常艰难。

35 岁时，不幸又一次降临到他的头上。当他开车路过一座大桥时，大桥钢绳断裂。他连人带车跌到河中，身受重伤，无法再干轮胎推销员工作。

40 岁时，他在一个镇上开了一家加油站，因挂广告牌把竞争对手打伤，引来一场纠纷。

47 岁时，他与第二任妻子离婚，三个孩子深受打击。

61 岁时，他竞选参议员，但最后落败。

65 岁时，政府修路拆了他刚刚红火的快餐馆，他不得不低价出售了所有设备。

66 岁时，为了维持生活，他到各地的小餐馆推销自己掌握的炸鸡技术。

75 岁时，他感到力不从心，因此转让了自己创立的品牌和专利。新主人提议给他 1 万股，作为购买价的一部分，他拒绝了。后来公司股票大涨，他因此失去了成为亿万富翁的机会。

83 岁时，他又开了一家快餐店，却因商标专利与人打起

了官司。

88 岁时，他终于大获成功，全世界都知道了他的名字。

他，就是肯德基的创始人——哈伦德·山德士。他说："人们经常抱怨天气不好，实际上并不是天气不好。只要自己有乐观自信的心情，天天都是好天气。"

两个强盗闯进圆明园

◎（法国）雨　果

巴特勒上校：

您问我对于远征中国的看法。先生您觉得这次远征又体面
又高尚；您相当善意地看重我对此的感情。您认为在维多利亚
女皇和拿破仑皇帝的双重旗帜下对中国进行的这次远征是英
法两国共享的光荣；您想知道我对这次英法取得的胜利能给予
多大程度的赞同。

既然您愿意知道我的看法，那我就发表如下：

从前在世界的一方有个奇迹：这个世界奇迹叫圆明园。艺
术有两种原则：一种是构思，它产生了欧洲艺术，另一种是想
象，它产生了东方艺术。圆明园是属于想象的艺术，巴特农则
是构思的艺术。一个近乎超凡的民族利用其想象力能够造出的
全部东西都集中在那里。它不象巴特农那样是举世无双的稀有

作品，而是想象造出的一个巨大模型，如果想象可以有模型的话。请您想象一种大家不知道是怎样的、而又无法形容的建筑物，就像月宫里的一座建筑物，那就是圆明园……建造这座圆明园足足用了两代人的劳动；它像一座城市那么大，由岁月造成。造给谁？造给人民。因为由岁月建筑的东西都属于人民。凡艺术家、诗人、哲学家都熟悉圆明园，伏尔泰是这么说的。大家都在说：希腊的巴特农，埃及的金字塔，罗马的圆形大剧场，巴黎的圣母院，东方的圆明园。如果人们见不到它，就会梦见它。这是一件令人咋舌的、从未见过的杰作，从神秘的暮色中远远望去就像是耸立在欧洲文明地平线上的一个东方文明的朦胧轮廓。

这个奇迹现在消失了。

一天，两个强盗闯入圆明园，一个掠夺，一个纵火。似乎获得胜利就可以当强盗了；两个胜利者把大肆掠夺圆明园的所得对半分赃。在这一切的所作所为中，隐隐约约见到了埃尔金的名字，这必然使人们回想起巴特农：以前有人对巴特农所干的，现在对圆明园又干了起来，而且干得更彻底、更好，一扫而光。把我们所有大教堂里收藏的宝贝堆在一起，也抵不上这座光辉灿烂的东方博物馆，那里不仅有艺术精品，还有大堆大堆的金银制品。伟大的功勋，喜人的收获。一个胜利者装满了身上所有的口袋，另一个见了，也把一个个保险箱装满。于是，他们手挽手笑着回到欧洲。这就是两个强盗的故事。

我们欧洲人是文明人，中国人在我们眼里是野蛮人，这就是文明对野蛮所干的勾当。

在历史面前，一个强盗叫法兰西，另一个强盗叫英国。但是我抗议。我感谢您给我这个机会让我申明：统治者所犯的罪行并不是被统治者的错误；政府有时是强盗，但人民永远不会作强盗。

法兰西帝国侵占了这次胜利的一半成果；今天，他以一种所有者的天真，炫耀着圆明园里的灿烂古董。我希望，铲除污垢后解放了的法兰西把这些赃物归还给被掠夺过的中国的那一天将会到来。

而现在我看到的，是一次偷盗行为和两个小偷。

先生，这就是我对远征中国的行为所给予的赞同程度。

维克多·雨果

1861 年 11 月 25 日于高城居

生命因磨练而美丽

◎ 佚 名

平心而论，谁也不希望自己的生命经常忍受磨炼——折磨式的历练，哪怕真的是因此可以增加人的美丽，也不会有人欢呼着说："啊，我多么喜欢折磨式的历练呀。"人总是向往平坦和安然的。然而，不幸的是，折磨对生命之袭来，并不以人的主观愿望为依据，不论人们喜欢与否，它只管我行我素，甚至有时还要强加于人，谁奈它何？

既然如此，人们为什么不让自己振作起来去迎接这挑战呢？人们为什么不能把它变作某种养分去滋润自己的美丽呢？人们回避磨炼，是因为不想忍受它，当回避不了时，人们又说，磨炼原来是可以美丽人生的，两边皆有道理。

避开折磨是生命的最佳选择，一旦躲避不开，就让折磨变作美丽人生的养分，此亦是生命的最佳选择。之所以说此亦是

生命的最佳选择，乃是因为，人们在陷进折磨时，他面对的选择不止一个，比如说痛苦、焦灼、失恋、迷茫、束手无策或一蹶不振，而这些选择，就没有一个具有积极的性质，皆是对人生的消沉与颓废。比起这些选择，惟有选择让折磨变作美丽人生的养分，方才算是最佳。

生命因磨炼而美丽，关键在于人对磨炼认识的角度和深度。应该说，磨炼本身就具有美丽人生的功能，假若由于认识上的原因，反让磨炼把自己丑化了，这就有点雪上加霜的味道了，除了磨炼的起因之外，你只好谁也甭怪。鉴于以上原因，所以也并非是说，谁的生命都会因磨炼而生美丽的，生丑陋者也大有人在。

生命因磨炼而美丽，不仅仅因为生命需要在磨炼中成长，主要在于，磨炼对生命的不可回避性。人群之中，物欲横流，而且方向和力度又不尽相同，谁料得到何时何地就会滋生出一种针对自己的折磨来呢？料不到又必须随，随又不想使自己一蹶不振地消沉，这样，经过努力，使其转化为自己有用的能量，就成为人之不选之选。这时候的磨炼对生命来说，已变作美丽的阶梯，虽然阶梯的旁边充满荆棘，但在阶梯尽处，却充满鲜花，坦然走过荆棘，就必然置身于另外一重天地。

生命因磨炼而美丽，还在于它使人生收获了用金钱也买不到的某种负面阅历。人生阅历，正面的居多，人生的教诲，善良的居多，这些东西，都构不成对人生的考验，惟有折磨具备这种恶质。常言不是说"猪圈难养千里马，花盆难栽万年松"吗？为什么会是这样的呢？就是因为其缺乏考验的机会。不光是此，生活中的其他事情也一样，凡没有接受过考验者，你就很难断言它是否完整和美丽。而这种考验，又非是谁有计划地出的考试题，它是不期然而然地就横亘在了人的面前，使人猝不及防。由于它的这种突发性质，所以它之于人考验的意味就足得很。经此一番挣扎磨炼，人没有颓废，反而更加精神了，这样的生命不走向美丽还走向哪里呢？

固然，磨炼也是可以丑陋人生的。人生原本还有点美丽，经过数次折磨式的履历之后，但没有使其成熟和美丽，反倒使它充满痛苦、迷茫、彷徨，甚至瞻前顾后，畏首畏尾，唯唯诺诺，没有一点棱角脾气了，这是不是有点丑陋呢？

对于这些人来说，所有的磨炼都不能称之为磨炼，而是灾难。总而言之，只要有点挫折和难受，就无不如同灾难临身，什么坐卧不安呀、神不守舍呀、食不知味呀等等，这些消耗情绪的东西就都来了。如此人生，让它如何从废墟中走向美丽呢？一颗心已被灾难二字占满，体会它尚且不够，可能让他分出心来瞄一眼灾难背后的美丽？所谓的灾难，其本身已使人不堪忍受，再要以此种心态情绪去强化它对人的伤害，这不是越瘸越使棍打了吗？人生难美，是不是就这样被自己注定了呢？

这样对磨炼的感受，实际上大可不必。

退一步说，假若你无力使折磨变作美丽生命的阶梯，却也

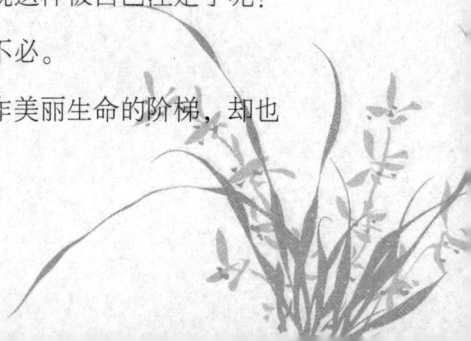

不该使它变作生命的灾难之门。在美丽与灾难之间，保持个中立的态度如何？即以无所谓的心态来对待它如何？这样做，至少生命不会出现消极现象，不消极不就说明其中有积极因素吗？这远比把磨炼视作灾难的认识事物的方法要乐观得多。

在某些时候，人生的精神财富比物质财富也许显得更重要，人们是不应该对之忽略的。精神财富的获得，有许多方法，而不断地经受磨炼，是其方法之一，或者说是最重要的方法之一。而人生之美丽与否，首先可看的也就是他的精神财富多寡，而不是依据他的物质财富多寡。生命因磨炼而美丽，美就美在此处。

不错，人总是希望平坦和安危的，谁也不想要折磨式的历练。但是它却没有因此而不来，作为被动的承受者，又不想就此妥协，那么，就拿出你的智慧，化腐朽为神奇吧，人生将因此而走向美丽，虽然此属于被迫的性质，也比无所作为要好。歪打正着，亦弥足珍贵。

卑恭的敬意

◎ 梁晓声

是的，此刻我的心情是那么的卑恭。

我想，人心仿佛鸟儿。没有一种鸟儿竟能始终在天空飞着，而永远不降落在地面的什么地方。鸟儿的降落，是为了觅食，或者栖宿。而人心卑恭着的时候，倘不是由于别人的财富和权力，则常常是为了"降落"在别人的某种精神面前，并从别人的精神中觅一些营养……

有些事，我这个人是做不大到的。故对做得到的人们，对那种专执一念于有益于我们这个世界的事情的精神，除了表达敬意，只有表达敬意而已。而已而已，便不由得不卑恭。

敬意和卑恭联系在一起，有人必认为是轻贱可笑的。一直以来，我自己也这么觉得。但一种卑恭的敬意由心而生时，我终于明白，它往往也可以证明那敬意的纯度。

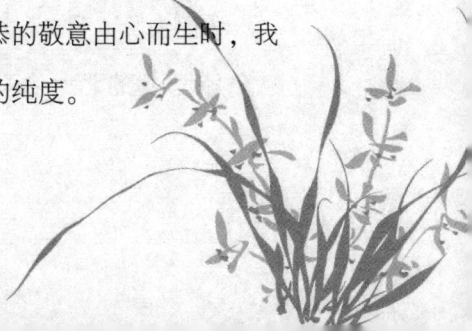

引起我卑恭的敬意的人，他的名字叫潘文石。他是北京大学生物系的教授。

我只见过他一面。一分多钟的一面。一分多钟里，只交谈了两三句话。

那是今年三月"两会"期间，听一场报告休息时，我坐在靠壁的一排长椅上喝茶，见一个头发老长，也可以说有点儿蓬乱的男人正在和另一个男人说话。他看去 60 多岁了，穿一套随便得不能再随便的衣裤。再随便，就是邋遢了。他仿佛刚从什么风餐露宿的野外地方赶到北京，直接就来大会堂了似的。他的神情不无倦怠……

我以作家特有的职业习惯默默望着他，心中暗想——是一位乡镇企业的老板么？但立刻又否认了自己的猜测。因为是"两会"代表的农民企业家们，倒大抵都是穿西装系领带神采奕奕精神焕发的……

这么一个人，他可究竟会是哪一界别的人士呢？在人民大会堂里，在"两会"代表之间，他看上去太特别了。

我困惑，依然默默望着他。离他较远，听不清他和对方在说什么。

坐在我身旁的一个熟人——是谁呢？我已经记不起来了，问我："认识那个人么？"

我摇头。"潘文石。"我说："哦。"

"带领他的北大弟子们，从 1984 年到 1999 年，15 年里几乎考察遍了秦岭的大熊猫生存活动范围，积累了几百万关于熊猫的第一手材料⋯⋯"

我忽然请求道："介绍认识潘文石"。——并且，说时已放下水杯，已站了起来。

我如愿以偿被引领到了潘文石对面，我的手和他的大手相互握了一下。

苍天在上，我生平第一次请求别人介绍我认识某人，也只有少数的几次当面对人表达敬意。我自己首先有点儿大不自然了。幸而当时并没脱口说出什么"崇高的"，否则我想我会脸红起来的吧？也幸而铃声响起，我什么都没再说，向潘文石点点头，一转身逃之夭夭⋯⋯

此后，我经常想，我要为那个人写点儿什么文字。至今我已经写了千余万字了。我经常想，我为那个人写的文字，当归在非常值得写的篇什中。不管别人怎么看，值不值得首先全在我自己的感觉。

要写一个人，自然当了解那人。

我对潘先生毫无了解。甚至不知他已在北大多少年了；不知他是否从一开始就教生物学；对他所研究的学科更近于一无所知。

我当面对他说"知道您和您的弟子们一些事情"，其实仅限于如下"一些"事情罢了。

潘先生是中国第一个给中央写报告不赞成将野生大熊猫

统统圈进"饲养场"的人……

潘先生是第一个以科学的态度指出所谓"竹子开花"并非对大熊猫的生存构成实际威胁的人,而当时那一种结论和对那一种结论的报道几乎形成"铁板钉钉"之势。

1985 年 3 月,一个多雪的季节,潘先生带领两名研究生和一名本科生背沉重的登山包进入秦岭南坡实地考察大熊猫的生存状况。而进山后的第 39 天,年仅 21 岁的研究生曾周在寻找大熊猫踪迹时不幸坠崖牺牲。他们怀着深深的悲痛掩埋好曾周同学的骨灰,承受着巨大的压力继续开始他们的研究事业。三个月后,大学生毕业分配工作,研究小组只剩下了他和一位刚满 20 岁的女研究生……

此后八年的野外研究中,那名女研究生饱尝艰苦,患了严重的关节炎,数次与死亡擦肩而过。1992 年她赴美国国家健康研究中心进行博士后研究,四年后谢绝了美方的挽留,又和潘先生们一起投入到了新的自然保护考察工作之中……

由于研究经费的紧缺,从北京至汉中 35 个小时的火车上,潘先生的弟子们都不坐卧铺;途经城镇不留宿;在长途汽车通不到的地方,要等待林区过往运输原木的卡车,才能几经周折抵达野外工作站……

在秦岭严寒逼人的冬季,在海拔 2000 3000 米的山区,在整整 8 年里,潘先生和他的弟子们,经常煮一锅大米土豆粥,一吃就是凡天。他两天才洗一次脸,他的女弟子脸上长满了冻

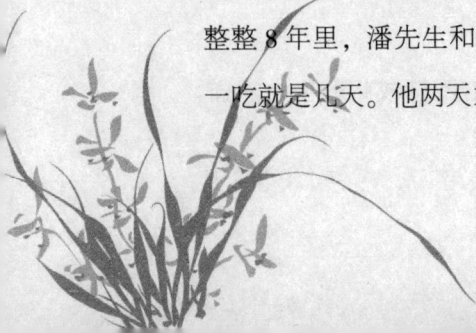

疮……

潘先生的另一位女弟子，自幼生长在大城市，都没单独住过一个房间；然而因工作需要，毫无怨言地只身一人在深山老林中考察了8个月之久。有一次，为了节省经费开支，她没有雇请民工，竟独自背着20公斤重的液氮罐走了十几公里山路赶到野外营地。

研究课题，研究经费，全额奖学金，还安排一位计算机博士协助工作……在如此条件之下，一个人居然还不肯留在美国，还毫不动摇地回到秦岭，该被视为傻吧？——而以上那两名女研究生，就都做了这样的"傻子"。

在那些考察的岁月里，一位博士研究生每月的助学金只有331元……

1993年10月，一封关于环保的告急信转呈给了朱总理，朱总理批示："立即停止采伐，安排职工转产，建立新的自然保护区……"

那一封信是潘先生们寄出的，秦岭的又一片宝贵林区得到了保存……

世界上，有些事情是极其热闹的，经常伴随着掌声和鲜花；有些事情的意义是可以直接用金钱来衡量的，于是愿意做的人趋之若鹜；有些事情一旦做好了，车子、房子、票子、位子，什么什么都有了。甚至，只要有幸运去做，做得半好不好表面实际并不好，也什么都有了。而有些事情，是寂寞的，艰

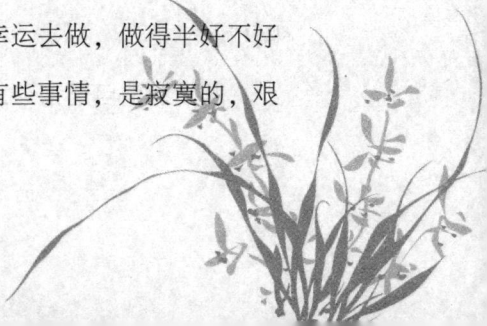

苦的，远离热闹、掌声和鲜花的，是往往要搭赔上大好的青春年华却无论做得多么出色，也是几乎无人喝彩的……

20世纪80年代，有一位美国的女博士，独自从事了8年多对大猩猩生活习性的野外考察。她的事迹在中国的电视里播映后，令多少中国人为之感动啊！那时我这一代人在一起常说："什么时候我们也有这样的人呢！"

原来，我们有的啊！而且15年之久！快两个8年了！而且参加考察的，一直有20岁多一点点的坚毅的女孩子！而且，他们的自然保护之事业还在继续着，只不过由大熊猫转向了别的方面……

大熊猫是国宝，世界上惟中国才有的可爱的珍稀动物，为世界好好保护它们的生存——这一点我懂。我也只懂这么一点。我并不想另外再知道太多。我想我懂以上一点也就足够了。我不是生物学家。我是作家，更习惯于"研究"人，"考察"人。正如潘先生们，将研究和考察生物作为事业。

但是，我这个习惯于"研究"人"考察"人的人，却始终对潘先生和他的弟子们有一个大困惑——是什么一种动力促使他们呢？15年，太久了啊！后来我就想到了"宗教般的执著"这一种解释。我偶然从报上读到过记者对潘先生的发问，而他回答："我们是将自然保护这一事业当成宗教来献身的啊！"

既然连他自己都这么说，我也就从此打消寻找机会当面问

他的念头了。

我想，那些人一定会去做：注定亏了自己们大大地委屈了自己们的事，大约也只能由一些"傻人"去做吧？做这样一些事的"傻人"们，确乎需要有宗教徒般的信仰的伟力支撑着他们的精神啊！

而那已是我没有的。

所以我在他们和他们的所做的事面前，只有不由得卑恭而已；另外再加上我的敬意而已。

我还能这样，成了我这种浮名累身的人活着的一种理由。

至于潘先生们，我想，他们也是中国的"珍稀动物"啊！中国，当为他们保存"繁衍"的环境。

在教师节前夕，我将我卑恭的敬意，呈献给潘文石教授，和他身边那些学子，那些可敬的男孩女孩……

一只惊天动地的虫子

◎ 迟子建

　　我对虫子是不陌生的。小时候在菜园和森林中，见过形形色色的虫子。我曾用树枝挑着绿色的毛毛虫去吓唬比我年幼的孩子，曾经在菜园中捉了"花大姐"将它放到透明的玻璃瓶中，看它金红色夹杂着黑色线条的光亮的"外衣"，曾经抠过树缝中的虫子，将它投到火里，品尝它的滋味，想着啄木鸟喜欢吃的东西，一定甘美异常。至于在路上和田间匍匐着的蚂蚁，我对它们更是无所顾忌，想踩死一只就踩死一只，仿佛虫子是大自然中最低贱的生灵，践踏它们是天经地义的。

　　成年之后，我不拿虫子恶作剧了，这并不是因为对它们有特别的怜惜之情，而是由于逐渐地把它们给淡忘了。

　　然而去年的春节，我却被一只虫子给深深地震撼了，这一年来，我从来没有忘记过它，它就像一盏灯，在我心情最灰暗

的时刻，送来一缕明媚的光。

去年在故乡，正月初一，我给供奉在厅堂的菩萨上了三炷香，然后席地而坐，闻着檀香的幽香，茫然地看着光亮的乳黄色的地板。地板干干净净的，看不到杂物和灰尘。突然，我的视野中出现了一个小黑点，开始我以为那是我穿的黑毛衣散落的绒球碎屑，可是，这小黑点渐渐地朝佛龛这侧移动着，我意识到它可能是只虫子。

它果然就是一只虫子！我不知它从哪里来，它比蚂蚁还要小，通体的黑色，形似乌龟，有很多细密的触角，背上有个锅盖形状的黑壳，漆黑漆黑的。它爬起来姿态万千，一会儿横着走，一会儿竖着走，好像这地板是它的舞台，它在上面跳着多姿多彩的舞。当它快行进到佛龛的时候，它停住了脚步，似乎是闻到了奇异的香气，显得格外的好奇。它这一停，仿佛是一个指挥着千军万马的将军在酝酿着什么重大决策。果然，它再次前行时就不那么恣意妄为了，它一往无前地朝着佛龛进军，转眼之间，已经是兵临城下，巍然站在了佛龛与地板的交界上。我以为它就此收兵了，谁料它只是在交界处略微停了停，就朝高高的佛龛爬去。在平面上爬行，它是那么的得心应手，而朝着呈直角的佛龛爬，它的整个身子悬在空中，而且佛龛油着光亮的暗红的油漆，不利于它攀登，它刚一上去，就栽了个跟斗。它最初的那一跌，让我暗笑了一声，想着它尝到苦头后一定会掉转身子离开。然而它摆正身子后，又一次向着佛龛攀

登。这回它比上次爬得高些，所以跌下时就比第一次要重，它在地板上四脚朝天地挣扎了一番，才使自己翻过身来。我以为它会接受教训，掉头而去了，谁料它重整旗鼓后选择的又是攀登！佛龛上的香燃烧了近一半，在它的香气下，一只无名的黑壳虫子一次一次地继续它认定的旅程。它不屈不挠地爬，又循环往复地摔下来，可是它不惧疼痛，依然为它的目标而奋斗着。有一回，它已经爬了两尺来高了，可最终还是摔了下来，它在地板上打滚，好久也翻不过身来，它的触角乱抖着，像被狂风吹拂的野草。我便伸出一根手指，轻轻地帮它翻过身来，并且把它推到离佛龛远些的地方。它看上去很愤怒，因为它被推到新地方后，是一路疾行又朝佛龛处走来，这次我的耳朵出现了幻觉，我分明听见了万马奔腾的声音，听见了嘹亮的号角，我看见了一个伟大的战士，一个身子小小却背负着伟大梦想的英雄。它又朝佛龛爬上去了，也许是体力耗尽的缘故，它爬得还没有先前高了，很快又被摔了下来。我不敢再看这只虫子，比之它的顽强，我觉得惭愧，当它踉踉跄跄地又朝佛龛爬去的时候，我离开了厅堂，我想上天对我不薄，让我在一瞬间看到了最壮丽的史诗。

几天之后，我在佛龛下的角落里发现了一只死去的虫子。它是黑亮的，看上去很瘦小，我不知它是不是我看到的那只虫子。它的触角残破不堪，但它的背上的黑壳，却依然那么明亮。在单调而贫乏的白色天光下，这闪烁的黑色就是光明！

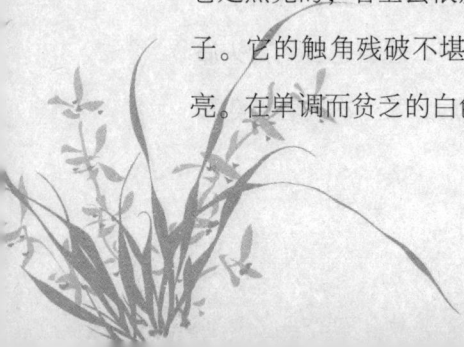

146

活着的最高境界

◎ 小 喻

其实和你一样——他出身卑微，却身怀远大理想。多年前，他在 1983 年版的《射雕英雄传》中扮演那个宋兵乙，为增添一点点戏份，他请求导演安排"梅超风"用两掌打死他，结果被告之"只能被一掌打死"。这个年轻时被称作"死跑龙套的"卑微小人物，第一次当着导演的面谈到演技时，在场的人无一例外都哄堂大笑。但他依然不断思索、不断向导演"进谏"，直至 2002 年自己当上导演。那年，他获得了金像奖"最佳导演奖"。

其实和你一样——上世纪 90 年代，在一趟开往西部的火车上，梳着分头、戴着近视眼镜的他看上去朝气蓬勃，内心却带有微微的彷徨。那时的他严肃乏味，常常独坐好几个小时不说话。后来转行做主持人，1998 年他第一次主持的电视节目

播出时，他发现自己说的话几乎全被导演剪掉了。他让身为制片人的妻子准备了一个笔记本，把自己在主持中存在的问题——记录下来，哪怕是最细微的毛病都不肯放过，然后逐条探讨、改正。即使今天其身价已过4亿，成为中国最具影响力的主持人，他仍未放弃面"本"思过。

　　其实和你一样——10年前，他是大学里的"小混混"，由于经常逃课而被老师责备。毕业后被分到当地的电信局当小职员，面对冗杂的机关工作，他感到既劳累又苦恼，后来他勇敢而果断地辞了职，然后自创网站，从而走向中国互联网浪潮的浪尖，他在2003年福布斯中国富豪榜中居第一位。

　　其实和你一样——5年前的他是一个防盗系统安装工程师，依他的说法，"就是跟水电工差不多的工作"，"有时候装监视系统要先挖洞，一旦想到歌词就赶快写一下！"当年的他就是这么边干活边写词，半年积累了两百多首歌词，他选出一百多首装订成册，寄了100份到各大唱片公司。"我当时估计，除掉柜台小妹、制作助理、宣传人员的莫名其妙、减半再减半地选择性传递，只有12.5份会被制作人看到吧，结果被联络的几率只有1%。"其实那1%就是100%！1997年7月7日凌晨，他正准备去做安装防盗工作，有人打电话给他，那个人叫吴宗宪，同时走运的还有另一个无名小卒——周杰伦。从他和周杰伦合作的歌从没人要，到要曲不要词，慢慢地曲词都要，之后单独邀词，但还会有三四个作者一起写，直到最后指定要他的词。

可能你已经猜到他们是谁了，一个是周星驰，一个是李咏，一个是丁磊，一个是方文山。他们是目前中国最具知名度的人中的一部分。

他们在成名前和你并无多大不同。不要抱怨贫富不均，生不逢时，社会不公，机会不等，制度僵化，条理繁复，伯乐难求。要知道，其实每个人都平等地享有出人头地的机会。明天，或者明年，同样会诞生像他们一样成功的人，就看是不是今天的你。

书海茫茫

150

◙ 余秋雨

像真的海一样，我们既赞美它，又害怕它。远远地看，大海澄碧湛蓝，云蒸霞蔚，但一旦跳入其间，你立即成为芥末，沉浮于汹涌混沌之中。如何泅得出来？到图书馆、书店走走，到街头的报刊亭看看，每次都感到纸页文字对生命的一种威逼。几年前还在热心地讨论"读书有没有禁区"的问题，我是主张对文化人不应有禁区的，但现在却出现了一种意想不到的无奈：必须自设禁区，否则将是时间的泻漏、生命的破碎，从一生的孜孜不倦走向一生的无所作为。

在一个文化不发达的国家，被印刷过的白纸黑字曾经是令人仰望的符咒，因此，读书很可能成为一种自欺欺人的行为。不管什么时候，在写字桌前坐下，扭亮台灯，翻开书本，似乎都在营造斯文，逼近神圣。这种误会，制造了无以数计抛掷生

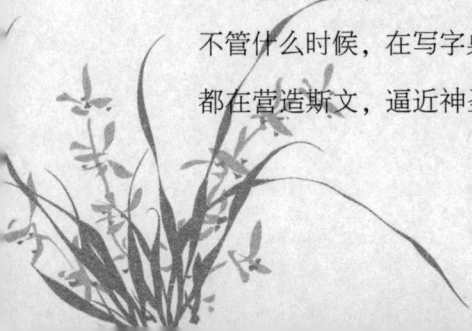

命的游戏，而自己和旁人还十分安慰。为此，一些真正把书读通了的人总是反对"开卷有益"的说法，主张由学者们给社会开出一些大大小小的书目，以防在阅读领域里价值系统的迷乱。我赞成这种做法，但这种做法带有常规启蒙性质，主要适合正在求学的年轻人。对于中年人来说，生命已经自立，阅读也就成了自身与阅读对象的一种"能量交换"，选择的重任主要是靠自己来完成了。因此，自设禁区，其实是成熟的表现。

感觉极好的文章少读，感觉不对的文章不读，这是我的基本原则。

感觉极好，为什么要少读呢？因为感觉极好是很不容易的事，一旦找到，就要细细体会，反复咀嚼，不容自我干扰。这就像我看电影，突然遇上一部好片，看完后绝对不会紧接着看另外一部，而会一个人走在江边，走在小路，沉湎很久。我即便知道其他几部片子并不比这一部差，也舍不得一块儿奢侈地吞噬。交朋友也是这样，天下值得交往的好人多得很，岂能都成为往来熟络的密友？推心置腹的有几个，也就够了。到处拍肩膀搂脖子，累死累活，结果一个也没有深交，一个也对不起。阅读和交友差不多，贪心不得。

感觉不对的文章不读，这一点听起来不难理解，事实上不易做到，因为我们在阅读时常常处于一种失落自我的被动态势，很少打开感觉选择的雷达。其实，即便是公认的世界名著，年轻时老师都是说必须读只能遵循，到了中年发觉与自己

的感觉系统不对位就有权利拒读。人家好端端一本书，你也是好端端一个人，没有缘分就应该轻松地擦肩而过，如果明明别扭还要使劲儿缠在一起难受半天，多不好。

我所说的"感觉不对"，主要是指一些让我们感到某种不舒服的文章，或者做作，或者伪饰，或者炫耀，或者老滑，或者跋扈，或者酸涩，或者嫉妒，那就更要避开。如果我们误会它们了，我们也没有时间和兴趣去解除误会。避开了，误会也就不成其为误会。也许我们会出于某种传统的责任感对这种文章予以批评，但这种责任感往往是以否定多元合理为前提的。人有多种活法，活着的文明等级也不相同，住在五层楼上的人完全不必去批评三层楼的低下，何况你是否在五层楼还缺少科学论证。也有极少数文章让我们感到一种无以名状的邪恶和阴毒，才读几句就像吃了一个苍蝇，最好的办法也是赶快推开。

有些朋友不理解：雪白的纸，乌黑的字，怎么能印出一篇篇这样的文字来呢？这是一种好心肠的痛苦，但不客气地说，这种痛苦产生于文化禁锢下的习惯和文化暖房里的梦幻。生活格局的开放，书报市场的开拓，使各色社会情绪有了宣泄的机会和场所，从总体看来不是坏事。例如嫉妒，既然有一批人成功了，难道那些暂时未成功的人连嫉妒一下都不可以？雨果说，一片树叶受到阳光照耀，它的背面一定是阴影，阳光越亮，阴影越深。树叶尚且如此，何况是人。白纸黑字不会只反

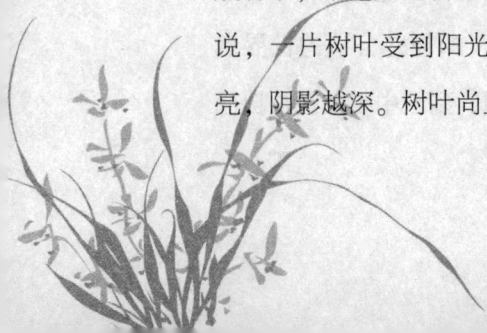

射阳光，它们也传导阴影。把阳光和阴影加在一起，才是一个立体的社会。因此，不仅要允许嫉妒，也要允许做作，允许伪饰，允许炫耀，允许老滑，允许跋扈，允许酸涩，当然，也要允许你的不舒服，允许你的不理睬。从事事关注、事事难容，转变为关注不多、容忍很多，这应该是我们社会观众的一大进步。

以文字犯案，当不在容忍之列。但是我仍然要说，不要在文字官司上过于敏感。几百年的你争我斗，几十年的匕首投枪，使我们报刊上的有些文章保留着一种近乎本能的剑拔弩张、刁酸促狭，这是一笔沉重的历史旧帐，不幸让这样几个作者肩负着，是很值得同情的。他们缺少法律常识，缺少人格概念，从来没有把人间的名誉当一回事，与他们打官司，自己也要回到人生的启蒙期，真是何苦来着。他们的日子一般都过得不宽裕，因为根据经验，人的生态和心态是互为因果的，一打官司，他们就要赔偿大笔的名誉损失费，从人道主义的立场看，又于心何忍？前不久我在东南亚的一些城市间独个儿漫游，遇到一位相知多年的佛学界朋友，问他这些年在干些什么，他居然说一直在打一桩名誉官司，我听他介绍了案情，觉得他遇到的事情在我们这里只能说是一种谁也不会在意的家常便饭，对他如此认真深感困惑，就笑着请教："佛家讲究宽容，你这样打官司与佛教理义有抵触吗？"他回答，"如果我不去制限他们，他们还会继续伤害众生，因此我这一拳出去十

分慈悲!"我似乎有所憬悟,但回来一想,又觉得这毕竟与整体环境有关。整体环境还很不卫生,你就没法对落在身上的尘埃过于认真。有一个卫生的念头就好,慢慢来,别着急。

在这中间,唯一需要花点口舌对付一下的,是报刊间那些指名道姓,又完全捏造了事实的文章。因为捏造的事实比大声的漫骂更能迷惑人心,人们如果相信了那种捏造,那么,被捏造而又没有辩诬的人也应该承担社会责任。但是,话虽这么说,真正辩起来却十分气闷,我的原则仍然是能不理尽量不理。这些年来本人由于不慎发表了一些文化随笔,有人说好话,干扰了几位先生的视听,于是逐渐有一些与我的名字牵在一起的"事实"刊载于几种报刊,起初以为有一个恶人与我同名同姓,后来搞清是在说我,刚想辩解说绝无此事,新的"事实"又刊布出来。正烦恼,突然想起,海外一些年轻的演员刚刚成名总会遇到类似的境况,他们几乎不辩,依然笑眯眯地演着唱着,我比他们年长,为何连他们也不如?这种想法解救了我,几年来未辩一言,到后来对那些文章读也不读,结果像没事儿一样存活至今。当然我的躲避也有底线,简单说来,如果别人受到诬陷而我知道真相,我不会躲避;如果事涉公共道义,我也不会躲避;躲避的只是自己的事。倒也不是大公无私,是因为自己的事怎么辩都是窝囊,我没有权利让我的朋友、学生、读者一起分担这份窝囊,窝囊比受伤更让人痛心。

总而言之,书海茫茫,字潮滚滚,纸页喧嚣,墨色迷蒙,

这是市场化、多元化的现代文化景观，我们企盼了多年的，不要企盼来了却手足无措，抱怨不迭。解除过度的防范敏感，降低高昂的争辩意识，减少无谓的笔墨官司，让眼睛习惯杂色，让耳朵习惯异音，不太习惯就少看不听，即便习惯了，由于时间和精力的原因也可以少看少听。一切自己作主，看一点悦目的，吸几口新鲜的，尝几味可口的，稍感不适就轻步离去，我没有义务必须接收我不想接收的一切，哪怕有人直呼姓名在门口喊阵也关窗拉帘，闭目养神，顺手打开柴可夫斯基或瞎子阿炳。人们都说身处现代社会必须学得敏锐和迅捷，我却主张加一份木讷和迟钝。人生几何？好不容易碰到一个比较正经的年代，赶快省下精神来做点自己想做的事，哪里还有时间陪着陌生人胡乱折腾？门外的风，天边的云，一阵去了一阵来，当不得认真，哪怕这些风这些云是白纸黑字组成的，也是一样。

文化是社会的一种定力，文化人不可自己乱了方寸。

我是船，书是帆

◉ 张海迪

　　偶尔翻开少女时代的一个旧本子，几片彩色从里面忽闪着飘落到地上，捡起来，我禁不住快乐地笑了，它们给了我一个意外的惊喜，那是我少女时代自己做的书签。有用卡片纸做的，也有用树叶做的。我在小小的卡片上用水彩画了美丽的图画。每一个书签都系了一根彩色的丝线。其中一片书签上画着一只小船，正高高地扬着白帆在蓝色的海上航行。我久久地凝视着这个书签，那时候，我正像一只小船，疾病像急流冲击着我，而一本本好书却像鼓满风的帆推着我勇敢地逆流而行……

　　那时，我没有想到后来自己能成为作家，我想我当作家或许是因为我读了很多作家写的书。我并不具备当作家的天赋，我缺乏形象思维的能力。我生性热情奔放，率直单纯，少女时代我只是梦想，将来当医生或是化学家。在长期的病痛中，是

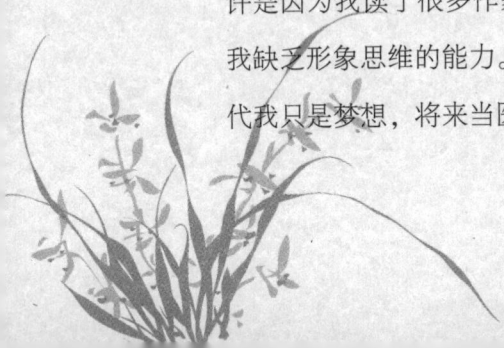

一本本书让我沉静下来，它们牵着我的思绪四处漫游，从遥远的古代到宇宙的深处，从幽静的山村农舍到繁华喧闹的异国都市，都留下了我思想的航迹。还有古今中外圣贤哲人睿智的思想和渊博的学识，各种各样平凡的人们形形色色的生活、境遇、梦想和希望，都留下了我触摸的手印……终于有一天，我觉得我有很多很多话要用笔来倾诉，我幻想着我的脑汁凝固成一本书——就像我曾读过的书，那些书给我留下了许多美好的回忆。

童年时，我读的书大多是国内外的一些可爱的童话故事，比如《格林童话》、《安徒生童话》，出版社把那些故事编成了美丽的小人书，我对那些书爱不释手，那些书让我的小小的头脑里充满了各种各样的奇异幻想。有一天我看了一本《灰姑娘》的画册，我被迷住了。那天我伏在楼顶阳台的栏杆上，眺望远处一座灰色的楼房，我忽然觉得那里面也住着一位善良的灰姑娘，我盼望有一天她出来擦玻璃的时候我能见到她，我有很多话都想对她说。从此我每天都要到阳台上去等待。一天，那扇窗子真的打开了，从里面探出一个苹果般好看的笑脸。那是一个跟我差不多大的女孩子，她对我甜甜地一笑，把我存了许久的话都堵在了喉咙里。我很失望，只好把目光转移到一幢红色的楼上，我相信那里面住着一位英俊的王子，他能打败世界上所有的妖魔。我想象着有一天阳台上的门会突然打开，王子与妖魔格斗着冲上来。在我的期待中阳台的门终于打

开了，从此一位老爷爷每天都到那个阳台上晒太阳……

童话中的世界与我的生活多么不同啊！

我 11 岁的那个夏天，一声惊雷打碎了我们那一代孩子幸福甜美的梦，在跟随父母们经受了种种政治磨难之后，我仿佛几个月之间就长成了大人，我开始偷偷阅读大本大本的现实主义作品。翻开《简·爱》，我认识了那个躲在窗帘后面读书的倔强的女孩子，从此她成了我一生中的朋友……

15 岁的一天，我渡过了一条河。我的眼前展现出鲁西北一望无际的大平原。在那个贫穷偏远的小村庄，我远离了城市的喧嚣，也远离了图书馆，更远离了父母的藏书。其实，早在我们下乡前几年，那些书就被当做毒草，廉价地卖给了废品站。尽管如此，在父母忙乱地收拾东西的时候，我还是偷偷地把《简·爱》藏在枕头套里带来了。每当夜深人静的时候，我便借着小油灯昏黄的光亮，一遍一遍地重读那本书，即使是那样枯燥的重复，也在每一遍新的阅读中得到了心灵的慰藉。

一天，我悄悄告诉我的一位知青朋友，我的枕套里藏了一本书，她告诉我，她的枕头套里藏着好几本书。当我们发现彼此拥有共同的秘密时多么激动啊！我们的手紧紧握在一起，我们的眼里涌出欣喜的泪花。那情景很像电影里的地下工作者，历尽千辛万苦终于找到了组织找到了自己人。那时，在我们中间，如果谁弄到一本书，要想独自享用是不可能的，大伙儿总是蜂拥而上，又抢又夺，于是一本好端端的书，不是被撕破了

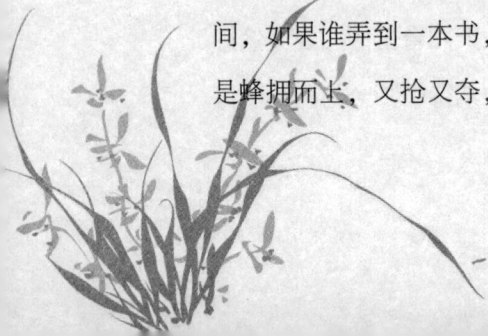

皮儿，就是被拽掉了角儿。最后，大伙儿说有书我们就要一起读。冬天的晚上，吃过饭，我们总是聚集在知识青年的伙房里，屋子中间点燃一堆玉米秸，我们围坐在火堆房，一边搓玉米或是削甜菜，一边听一个人为大伙儿读书。读书的人心中澎湃着青春的热情，却又不得不放低声音朗读那些被禁锢的书。我喜欢听莱蒙托夫的诗，我总是听着就不觉流下了泪水，我那时喜欢孤独忧郁的诗：在那大海上淡蓝色的云雾里/有一片孤独的帆闪耀着白光/它寻求什么，在遥远的异地/它抛下什么，在可爱的故乡/……

在那烟熏火燎的土屋里，我们读过《九三年》、《猎人笔记》、《复活》、《红与黑》……每当读到描写爱情的段落，朗读者总是做特殊处理，匆匆地翻过几页再接着读。爱情是我们最弄不清，但又渴望了解的，我们常常互相问，爱情到底是什么？有一次，我们读了一本《在悬崖上》，那是一个叫加丽娅的苏联少女插足中国家庭的故事。我们好几天都为这个故事的结局争论不休，有的说，为了得到爱情，破坏别人的幸福，那是不道德的。我说，但是让加丽娅离开心爱的人，她该多难过呀……

这就是年轻时代的我，这就是我的青年时代。

我的我的朋友们读了很多书，在没有书读的时候，我们就把自己曾经读过的书讲给大家听。在读书中，我的心灵得到了陶冶，我的思想得到了飞升，不再把个人的痛苦看得太重，我

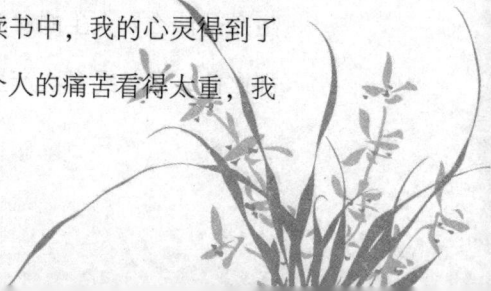

159

懂得了世界和人类的历史就是由无数的灾难、苦痛和奋争组成的。那些日子，我曾经为书中的人物热血澎湃，我曾经为他们的命运流下泪水，我更为许多高尚者肃然起敬。哦，书是多少敏感的心灵在悲与喜的交织中碰撞出来的火花，书是多少深沉的头脑对社会对人生反复思考的结晶，书是多少人对后代的期望和启蒙……

我不再仅仅沉湎于文学作品之中，我拓展着自己生活的天地。我读外语、读历史、读地理、读哲学……我记住了培根的"知识就是力量"这句话。知识是基础，是成功的基石。学习专业知识远比单纯地阅读文学作品困难得多，学习中每一段道路都必须负重而行。学习外语时不光要读书，还要把书中的知识消化掉，变成自己的知识积淀。学习专业知识的时候，读书经常有读不下去的时候，甚至为了记忆要经受令人难耐的反复阅读。几年下来，一本本工具书甚至被磨得毛了边。那努力的过程，就像希腊神话中的西西弗斯，整日推着一块大石头上山，推上去，滚下来，再推上去……但苦读之后，如同饮下一杯醇香的酒，知识带给人的快乐真是回味无穷。

在我攻读硕士学位的日日夜夜，身边又堆起比往日更多的书，古今中外的哲人对生活和生命博大精深的认识和诠释，使我的文化视野更加开阔，也使我能重新审视自己的生命轨迹。生命是什么？人生的意义是什么？什么样的生活才有意义？在那之前，我曾经多次产生过对痛苦的厌倦，对疾病折磨的无可

奈何，而书本却告诉我，即使是痛苦的生命，只要不放弃，也会绽放出艳丽的花朵。

今天，我依然像童年和少女时代一样，深深地热爱每一本好书。长期被疾病禁锢在室内的生活，于常人看来是太孤独了，而我不这样想。清晨，每当我睁开眼睛，第一眼就会看到满架的书籍，还有堆在桌子上和床头的一本本打开的书，甚至还有半夜因困倦从手中滑落到地上的书。我一醒来就会感到自己置身在一个纷繁的世界。马塞尔·普鲁斯特辗转、摸索于疾病的黑暗之中，却似非凡的沉静和执著，循着时光的河流去追寻逝去的多彩年华。从他表面沉稳平静的笔触中，我却常常感到一种永不衰竭的生活的渴望和热情，炽烈如火，向我迎面扑来。豪·路·博尔赫斯后来虽双目失明，却以惊人的想象，写出了如梦如幻般的故事，把人们从思维单一、枯燥烦闷的现实之中，引导到虚无缥缈、诡云谲雾般的情境，给人们全新的感受，让人们仿佛从历史坚厚尘封的外壳之下，看到人类生活的另一种轨迹，读来使我感到心境舒展、空旷，使我有限的想象力得以延伸。阿·叔本华侃侃而谈，字字句句都迸发出睿智的哲理的光芒，把时髦的浮华艳丽、市侩的庸俗鄙陋一语揭穿，使它们无地自容，仓皇逃遁……翻开一本本书，我的眼前便会浮升起一条颤动的地平线，于是，我就仿佛看见古今中外的人物晃动着不同的身影向我走来……

多少年，我总是在书籍的鼓舞下，在探求知识、渴望认识

的激情中，从病床上一次次挣扎起来，开始一天的工作。现在，我周围的书不再仅仅是童年的那些美丽童话，不再仅仅是少女时代那些情节曲折的故事，更多的是思想深厚笔力雄健的经典著作、理论书籍，还有各种精美的油画画册，它们使我生活的笔触更宽广、思维的目标更邈远。

我是船，书是帆，尽管生活的大海上有时还会浓雾弥漫，还会有狂风巨浪，但有了帆，我的航线就不会偏离，我的船就不会沉没……

那条河流

⊙佚 名

我怀念那条河。

远远地看，它就像一根孤独的琴弦绷在原野上，任风雨和岁月弹拨。

我是生长在它旁边的一双耳朵。当时我不觉得幸运，以为这是音乐、这波涛的诉说、这不尽激情的灌注，都是理所当然的。以为这柳阴是理所当然的，洋槐洁白芬香的花絮是理所当然的，竹林里布谷鸟黄鹂鸟的啼鸣两岸是理所当然的，两岸湿润的炊烟和歌谣是理所当然的。当时幼稚的心里，却有一个与生俱来的念头：这河流以及与它有关的一切，理所当然属于我们。

我在河里学会了游泳。我把蝴蝶的姿势、青蛙的姿势展示给水中的鱼；我仰躺在水床上，看天，在天蓝和水蓝之间，我

是漂浮的梦。我捉螃蟹,石缝里小小的反抗弄疼了我的手,而它并没有多余的恶,小小的身体上全是武器,一生都在战争的恐惧里度过,最大的成功仅仅是防止过分的伤害。在横渡河湾的时候,我遭遇过一条水蛇,小小的头昂着,更小的眼睛圆睁着打量陌生的天空,它也在不测的水里横渡它的命运。

我在竹林里制作了第一管竹笛,摹仿北斗的指法 (它也是七个音孔),我在静夜里向身后村庄和远方的岁月吹奏。

当时,我不觉得这一切都是奇迹,真不觉得我内心的水域,有一多半来自这河流的灌溉。我那浮浅、单纯、蒙昧的心里,以为这一切都是理所当然。我没有想过,这河流会有断流的时候。我没有想过,它似乎源远流长的水,是来自哪里?它的温柔碧波和浩然激流,是怎样一点一滴汇成?

带着它的涛声和波光,我湿琳琳地走了。我走到哪里,就把它带到哪里,我是它站起来行走的一部分,我的记忆里流淌着它的乳汁。

我仍然觉得它理所当然存在于那里,理所当然属于我,属于我们,而且永远。

年前回家,我愕然了。我再也看不到那条河流。横卧在面前的,是它干涸的遗体,横七竖八的石头,无言诉说着沧桑;岸上的柳林、竹林、槐林、芦苇荡都已消失,荒滩上,有人在埋头挖坑淘金;三五个小孩,在放一只风筝,几双眼睛一齐向上,望着空荡荡的天空和那只摇摇晃晃的风筝。

　　我已找不到当年游泳地方，那让我感到河水深度、照过我少年倒影、用蓝色的旋涡激起我最初诗意想像的地方，已被高大的垃圾堆覆盖。

　　我多想，我多想找到死去的源头，去大哭一场，让泪水复活这条梦中的河流。

　　这时候，才痛彻心肺地明白：天地间没有理所当然永远属于我们的事物。

　　理所当然，理所当然地去珍惜——这才是唯一属于我们的理所当然。

　　我们不过也是游荡于河流中的另一种鱼。我们不愿成为干鱼，但我们很可能要把自己折腾成干鱼。许多河流枯竭了，污染了。爱，枯竭了；我们内心的河床，不再是碧波倒影，而是注满了污水，堆满了垃圾。

　　我，该怎样打开内心的纯洁水源，复活那死去的河流？

生活如椅子

◎ 王清铭

　　梭罗说过这样几句话：我的屋子里有三张凳子，独坐时用一张，交友时用两张，社交时用三张。

　　"人只有一个半朋友"，一个肝胆相照的，半个能为朋友牺牲自己利益的。所以交友只需两张凳子，一张给朋友，一张给自己。社交需要三张椅子，留一张自己坐，一张给增长的知识，一张给促膝而谈的乐趣。如果还有其它的椅子，就显得多余了。有四张，想凑一个麻将桌或牌桌；如果是五张，其中一张必是"名"正襟危坐的座位，"利"也大摇大摆地走进来，跻身其间，旁若无人地坐下，跷起二郎腿。对过着纯粹的内心生活的梭罗来说，这是无法忍受的。他是一个从社会结构中分离出来的原子，五张椅子会让他回到他原有的生活状态。三张椅子——梭罗的需要，就那么简单。

有趣的是，我的目光穿过历史，又在居里夫人的客厅里看到一张简单的餐桌和两把简朴的椅子。居里的父亲曾经要送他们一套豪华的家具，他们拒绝了，原因很简单：有了沙发和软椅，就需要人去打扫，在这方面花费时间未免太可惜了。为了不让闲谈的客人坐下来，他们没有添置第三把椅子。

居里夫人说："我在生活中，永远是追求安静的工作和简单的家庭生活。"两张椅子，让他们有了事业上携手共进的伴侣；没有多余的椅子，使他们远离了人事的侵扰和盛名的渲染，终于攀上科学的顶峰，阅尽另一种瑰丽的人生景观。

梭罗纯粹，居里夫人高尚，在生命的质量上都是常人无可企及的。他们都没有多余的椅子。

淡泊以明志，宁静以致远。生活中，我们要学会简化，比如减掉多余的椅子，不让"身外之物"有落座的机会。椅子以舒适为标准，过于豪华，就变成一种装潢了，结果不是人坐椅子，而是椅子成为盘踞你生活的一中累赘了。

生活如椅子，删繁就简，撤掉多余的部分，你的生活就简朴、简洁、简练，而且丰富深邃了。坐上庸俗和卑劣，就坐不下伟大和崇高；坐上虚伪和暴戾，纯真和善良就无处坐落；坐上自私和冷酷，爱心和热情就无法容纳……有了多余的椅子你就回想到与之协调的华丽房子，想到许多人苦心钻营的位子，

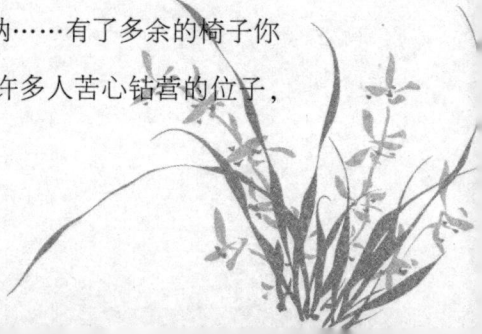

想到那轻飘飘而又沉甸甸的票子……于是你忙忙碌碌，心情也沉甸甸的，没有了坐下来的轻松和欢乐。

泰戈尔说，翅膀下挂着沉甸甸的金钱是飞不高远的。同样，有了多余的椅子，你不但不能飞翔，连静坐沉思的乐趣也消失了。

有时候我们的生活简单得只需一把椅子，供心灵坐坐。

生命的化妆

◉ 林清玄

我认识一位化妆师。她是真正懂得化妆，而又以化妆闻名的。

对于这生活在与我完全不同领域的人，我增添了几分好奇，因为在我的印象里，化妆再有学问，也只是在皮相上用功，实在不是有智慧的人所应追求的。

因此，我忍不住问她："你研究化妆这么多年，到底什么样的人才算会化妆？化妆的最高境界到底是什么？"

对于这样的问题，这位年华已逐渐老去的化妆师露出一个深深的微笑。她说："化妆的最高境界可以用两个字形容，就是'自然'，最高明的化妆术，是经过非常考究的化妆，让人家看起来好像没有化过妆一样，并且这化出来的妆与主人的身份匹配，能自然表现那个人的个性和气质。次级的化妆是把

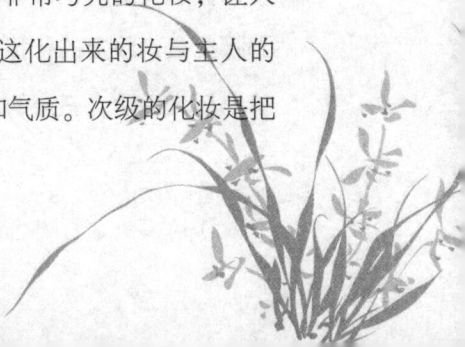

人凸显出来，让她醒目，引起众人的注意。拙劣的化妆是一站出来别人就发现地化了很浓的妆，而这层妆是为了掩盖自己的缺点或年龄的。最坏的一种化妆，是化妆以后粗曲了自己的个性，又失去了五官的协调，例如小眼睛的人竟化了浓眉，大脸蛋的人竟化了白脸，阔嘴的人竟化了红唇……"

没想到，化妆的最高境界是无妆，竟是自然，这可使我刮目相看了。

化妆师看我听得出神，继续说："这不就像你们写文章一样？拙劣的文章，常常是词句的堆砌，扭曲了作者的个性。好一点的文章是光芒四射，吸引了人的视线，但别人知道你是在写文章。最好的文章，是作家自然的流露，他不堆砌，读的时候不觉得是在读文章，而是在读一个生命。"

多么有智慧的人呀！可是，"到底做化妆的人只是在表皮上做功夫！"我感叹他说。

"不对的，"化妆师说，"化妆只是最末的一个枝节，它能改变的事实很少。深一层的化妆是改变体质，让一个人改变生活方式。睡眠充足。注意运动与营养，这样她的皮肤改善、精神充足，比化妆有效得多。再深一层的化妆是改变气质，多读书。多欣赏艺术。多思考、对生活乐观。对生命有信心。心地善良。关怀别人。自爱而有尊严，这样的人就是不化妆也丑不到哪里去，脸上的化妆只是化妆最后的一件小事。我用三句简单的话来说明，三流的化妆是脸上的化妆，二流的化妆是精神的化妆，一流的化妆是生命的化妆。"化妆师接着做了这样的结论："你们写文章的人不也是化妆师吗？三流的文章是文字的化妆，二流的文章是精神的化妆，一流的文章是生命的化妆。这样，你懂化妆了吧？"

我为了这位女性化妆师的智慧而起立向她致敬，深为我最初对化妆的观，点感到惭愧。

告别了化妆师，回家的路上我走在夜黑的地方，有了这样深刻的体悟：这个世界一切的表相都不是独立存在的，一定有它深刻的内在的意义，那么，改变表相最好的方法，不是在表相上下功夫，一定要从内在里改革。

可惜，在表相上用功的人往往不明白这个道理。

171

生命常常是如此之美

◎乔　叶

　　每天下午，接过孩子之后，我都要带着他在街上溜达一圈，这是我们俩都很喜欢的习惯。闲走的时候，看着闲景，说着闲话，我就觉得这是上帝对我劳作一天的最好奖赏。每次我们走到文华路口，我就会停下来，和一个卖小菜的妇人聊上几句，这是我们散步的必有内容。这个妇人脸色黑红，发辫粗长，衣着俗艳，但是十分干净。她的小菜种类繁多，且价廉物美，所以常常是供不应求，我常在她这里买菜，所以彼此都相熟。因此每次路过，无论买不买菜，都要停下和她寒暄，客户多的时候，也帮她装装包，收收钱。她会细细地告诉我，今天哪几样菜卖得好，卤肉用了几个时辰，西兰花是从哪个菜市上买的，海带丝和豆腐卷怎样才能切得纤纤如发，而香菇又得哪几样料配着才会又好吃又好看。听着她絮絮的温语，我就会感

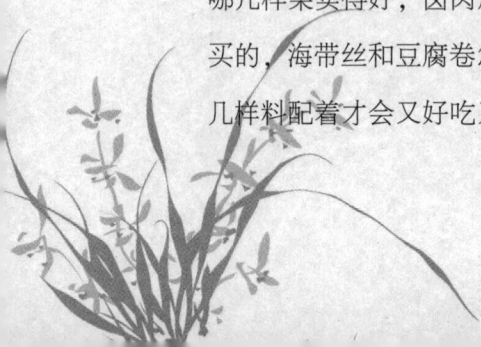

到一波波隐隐的暖流在心底盘旋。仿佛这样对我说话的，是我由来已久的一个亲人。而孩子每次远远地看见她，就会喊："娘娘！"——这种叫法，是我们地方上对年龄长于自己母亲的女人的昵称。

那位妇人的笑容，如深秋的土地，自然而醇厚。

一天夜里，我徒步去剧院看戏，散场时天落了小雨，便叫了一辆三轮车。那个车夫是个年近五十的白衣汉子，身材微胖。走到一半路程的时候，我忽然想起附近住着一位朋友，我已经很久没见到她的了，很想上去聊聊。便让车夫停车，和他结帐。

"还没到呢。"他提醒说，大约以为我是个外乡人吧。

"我临时想到这里看一位朋友。"我说。

"时间长么？我等你。"他说，"雨天不好叫车。"

"不用。"我说。其实雨天三轮车的生意往往比较好，我怎么能耽误他挣钱呢？

然而，半个小时后，我从朋友的住处出来，却发现他果真在等我。他的白衣在雨雾中如一盏朦胧的云朵。

那天，我要付给他双倍的车费，他却执意不肯："反正拉别人也是拉，你这是桩拿稳了的生意，还省得我四处跑呢。"他笑道。我看见雨珠落在他的头发上，如凝结成团的点点月光。

负责投送我所在的居民区邮件的邮递员是个很帅气的男

孩子，看起来只有二十岁左右。染着头发，戴着项链，时髦得似乎让人不放心，其实他工作得很勤谨。每天下午三点多，他会准时来到这里，把邮件放在各家的邮箱里之后，再响亮地喊一声："报纸到了！"

"干嘛还要这么喊一声呢？是单位要求的么？"一次，我问。

他摇摇头，笑了："喊一声，要是家里有人就可以听到，就能最及时地读到报纸和信件了。"

后来，每次他喊过之后，只要我在家，我就会闻声而出，把邮件拿走。其实我并不是急于看，而是不想辜负他的这声喊。要知道，每家每户喊下去，他一天得喊上五六百声呢。

他年轻的声音，如同铜钟与翠竹合鸣的回响。

生活中还有许多这样的人，都能给我以这种难忘的感受。满面尘灰的清洁工，打着扇子赶蚊蝇的水果小贩，双手油腻腻的修自行车师傅……只要看到他们，一种无原由的亲切感就会漾遍全身。我不知道他们的姓名和来历，但我真的不觉得他们与我毫不相干。他们的笑容让我愉快，他们的忧愁让我挂怀，他们的宁静让我沉默，他们的匆忙让我不安。我明白我的存在对他们是无足轻重的，但是他们对我的意义却截然不同。我知道我就生活在他们日复一日的操劳和奔波之间，生活在他们一行一行的泪水和汗水之间，生活在他们千丝万缕的悲伤和欢颜之间，生活在他们青石一样的足迹和海浪一样的呼吸之间。

　　这些尘土一样卑微的人们，他们的身影出没在我的视线里，他们的精神沉淀在我的心灵里。他们常常让我感觉到这个平凡的世界其实是那么可爱，这个散淡的世界其实是那么默契，而看起来如草芥一样的生命籽种，其实是那么坚韧和美丽。

　　我靠他们的滋养而活，他们却对自己的施与一无所知。他们因不知而越加质朴，我因所知而更觉幸福。

感受春天的气息

◙ 佚 名

　　大自然的变化一向是千变万化的，即使我们人类能够在某些领域摸索到经验，可是始终也无法猜透自然界的心思。风云雨雪，春夏秋冬，阴晴圆缺，昼夜更替，自然界无时无刻不在变化着。而这种变化，能给人们带来很多的遐想与感受。

　　冬天刚刚结束，每一个人都在期待春天的来临。农民期待早春时节的纷纷细雨；蒲公英期待飒飒的春风将它们从这里带走；树木期待春天那温暖如妈妈的手的阳光，让他们重新生长出鲜嫩的新芽；老人们又挺过了一个寒冷的冬天，迎来了新的一年……春天是新的开始，一切冬天时的死寂又变得生机盎然，人们都从屋里出来抖擞抖擞精神，活动活动筋骨。

　　走出去，迎面吹来的风像一块丝巾似的，轻轻地，柔柔地拂过我的脸颊，那块丝巾温暖的感觉，我仍能感觉得到。用力

的做着深呼吸，将早上这清新的空气嗅个遍，感觉是那么的温暖、平静。让人觉得自己是被包围在阳光之中，在阳光的沐浴中，呼吸着太阳的暖暖的味道。花朵上，树叶上，街道上，行人的脸上，都泛着闪烁的金光，在我的眼中，那就是春天的气息所留下的痕迹。不再有冬天的天寒地冻，呼出的气也不会再变做白色的气团了。冬天寒冷的气息已经悄悄得，没留下一点声响的在夜里走了。早晨时，空气中已弥漫着金色的，温暖的，和蔼的味道。我嗅得到，春天的气息是温暖的。南国的花草一年四季也道不出四季来临的脚步，只有这阳光，这空气，这感觉，才让人心里感受到微小的不同。而北国的春天，所有的事物都争先恐后的传报着。还记得小时侯在北方，看到柳树上那刚萌发的嫩芽时心中的惊喜。可是在南方，这种"看啊，柳树发芽了，春天已经到了"的话，似乎没有机会再用那种惊奇的语气说道了。可是那仍未改变的气息，给了我一丝相同的心情。

走在街道旁，吸进的是混合着花草树木的清香的气味，呼出的是我对春天气息的另一种感受。我闻见了，植物的生命力在空气中跳动，它们经历了冬天的衰落，又重新获得了新生，虽然生命是短暂的，但是它们在春天能得以绽放，能得以行人们的目光，能得以感受生的喜悦……欢乐的气氛渲染着周遭的空气。一个人能感受到另一个生命的喜悦，这是只有在春天才能实现的事情。我们家周围大片大片的草坪，嫩嫩的、绿绿

的，油亮油亮，微风吹过，她们的身子也在春风中舞动，偏向这边又偏向那边，像是在用自己身体的舞蹈向春天传递着它们之间的一点点秘密。这时，风带来了清新的泥土味儿，吹来了零星的花香，在我的鼻尖掠过了淡淡的青草味儿。回到家中，家中的空气中混合着玫瑰、康乃馨、蝴蝶兰、勒杜鹃的花香，尽管我看不见，他们是如何从买来时一朵待放的花苞蜕变成一朵怒放的花朵，但是它们却早已停留在了空气当中。我嗅得到，春天的气息是充满了生命力的。

春天是一个承上启下的季节，是人们从寒冷到炎热之间的过渡。正如南极和北极，之间茫茫国土，天各一方。人们在春季梳理冬季的事务，计划夏天的蓝图，于其说春天是一年的开始，不如说它是蓄势待发的时节，只有做好了准备，才能顺利的进行下面的事情。人们都说春天是个孕育希望的季节，同样它也是回首过去的时候。一年又一年的春天，联系了一个又一个的人生阶段，不会让我们遗忘，也不会让我们停滞。傍晚每户人家的窗户都透出黄昏的灯光，也许正是一家人围坐在饭桌旁，说着过去的趣事，谈着今后的目标。春天的脚步不仅来到了自然界中，更走到了每个人的家中，走进每个人的心里。春天的气味了充满了怀旧，也充满了憧憬。

春天不仅仅只是气象万千中的一种变化，它早已在人们心中留下了自己特殊的位置。让人们去感受，去理解，去体会这一变化后面的本质与内涵。去寻找这一变化背面的答案，去更

多的了解自然，融入自然。

春天的气息是温暖的，它让我们感受到了阳光的力量；

春天的气息是有生命力的，它让我们体会到生命兴衰的高尚；

春天的气息是充满怀念与憧憬的，它让我们重新回归于自己，寻找自己的航向。

我很重要

180

◎ 毕淑敏

当我说出"我很重要"这句话的时候，颈项后面掠过一阵战栗。我知道这是把自己的额头裸露在弓箭之下了，心灵极容易被别人的批判洞伤。许多年来，没有人敢在光天化日之下表示自己"很重要"。我们从小受到的教育都是——"我不重要"。

作为一名普通士兵，与辉煌的胜利相比，我不重要。

作为一个单薄的个体，与浑厚的集体相比，我不重要。

作为一位奉献型的女性，与整个家庭相比，我不重要。

作为随处可见的人的一分子，与宝贵的物质相比，我们不重要。

我们——简明扼要地说，就是每一个单独的"我"——到底重要还是不重要？

我是由无数星辰日月草木山川的精华汇聚而成的。只要计

算一下我们一生吃进去多少谷物，饮下了多少清水，才凝聚成一具美轮美奂的躯体，我们一定会为那数字的庞大而惊讶。平日里，我们尚要珍惜一粒米、一叶菜，难道可以对亿万粒菽粟亿万滴甘露濡养出的万物之灵，掉以丝毫的轻心吗？

当我在博物馆里看到北京猿人窄小的额和前凸的吻时，我为人类原始时期的粗糙而黯然。他们精心打制出的石器，用今天的目光看来不过是极简单的玩具。如今很幼小的孩童，就能熟练地操纵语言，我们才意识到已经在进化之路上前进了多远。我们的头颅就是一部历史，无数祖先进步的痕迹储存于脑海深处。我们是一株亿万年苍老树干上最新萌发的绿叶，不单属于自身，更属于土地。人类的精神之火，是连绵不断的链条，作为精致的一环，我们否认了自身的重要，就是推卸了一种神圣的承诺。

回溯我们诞生的过程，两组生命基因的嵌合，更是充满了人所不能把握的偶然性。我们每一个个体，都是机遇的产物。

常常遥想，如果是另一个男人和另一个女人，就绝不会有今天的我……

即使是这一个男人和这一个女人，如果换了一个时辰相爱，也不会有此刻的我……

即使是这一个男人和这一个女人在这一个时辰，由于一片小小落叶或是清脆鸟啼的打搅，依然可能不会有如此的我……

一种令人怅然以至走入恐惧的想象，像雾霭一般不可避免

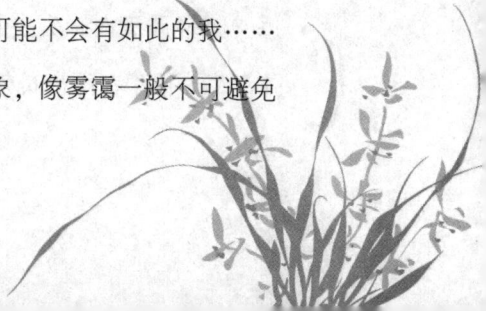

地缓缓升起，模糊了我们的来路和去处，令人不得不断然打住思绪。

我们的生命，端坐于概率垒就的金字塔的顶端。面对大自然的鬼斧神工，我们还有权利和资格说我不重要吗？

对于我们的父母，我们永远是不可重复的孤本。无论他们有多少儿女，我们都是独特的一个。

假如我不存在了，他们就空留一份慈爱，在风中蛛丝般飘荡。

假如我生了病，他们的心就会皱缩成石块，无数次向上苍祈祷我的康复，甚至愿灾痛以十倍的烈度降临于他们自身，以换取我的平安。

我的每一滴成功，都如同经过放大镜，进入他们的瞳孔，摄入他们心底。

假如我们先他们而去，他们的白发会从日出垂到日暮，他们的泪水会使太平洋为之涨潮。面对这无法承载的亲情，我们还敢说我不重要吗？

我们的记忆，同自己的伴侣紧密地缠绕在一处，像两种混淆于一碟的颜色，已无法分开。你原先是黄，我原先是蓝，我们共同的颜色是绿，绿得生机勃勃，绿得苍翠欲滴。失去了妻子的男人，胸口就缺少了生死攸关的肋骨，心房裸露着，随着每一阵轻风滴血。失去了丈夫的女人，就是齐斩斩折断的琴弦，每一根都在雨夜长久地自鸣……面对相濡以沫的同道，我

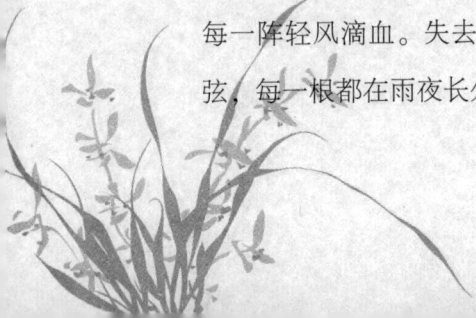

们忍心说我不重要吗？

俯对我们的孩童，我们是至高至尊的惟一。我们是他们最初的宇宙，我们是深不可测的海洋。假如我们隐去，孩子就永失淳厚无双的血缘之爱，天倾东南，地陷西北，万劫不复。盘子破裂可以粘起，童年碎了，永不复原。伤口流血了，没有母亲的手为他包扎。面临抉择，没有父亲的智慧为他谋略……面对后代，我们有胆量说我不重要吗？

与朋友相处，多年的相知，使我们仅凭一个微蹙的眉尖、一次睫毛的抖动，就可以明了对方的心情。假如我不在了，就像计算机丢失了一份不曾复制的文件，他的记忆库里留下不可填补的黑洞。夜深人静时，手指在揿了几个电话键码后，骤然停住，那一串数字再也用不着默诵了。逢年过节时，她写下一沓沓的贺卡。轮到我的地址时，她闭上眼睛……许久之后，她将一张没有地址只有姓名的贺卡填好，在无人的风口将它焚化。

相交多年的密友，就如同沙漠中的古陶，摔碎一件就少一件，再也找不到一模一样的成品。面对这般友情，我们还好意思说我不重要吗？

我很重要。

我对于我的工作我的事业，是不可或缺的主宰。我的独出心裁的创意，像鸽群一般在天空翱翔，只有我才捉得住它们的羽毛。我的设想像珍珠一般散落在海滩上，等待着我把它用金

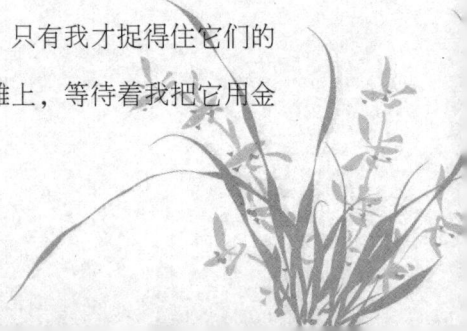

线串起。我的意志向前延伸，直到地平线消失的远方……没有人能替代我，就像我不能替代别人。我很重要。

我对自己小声说。我还不习惯嘹亮地宣布这一主张，我们在不重要中生活得太久了。我很重要。

我重复了一遍。声音放大了一点。我听到自己的心脏在这种呼唤中猛烈地跳动。我很重要。

我终于大声地对世界这样宣布。片刻之后，我听到山岳和江海传来回声。

是的，我很重要。我们每一个人都应该有勇气这样说。我们的地位可能很卑微，我们的身分可能很渺小，但这丝毫不意味着我们不重要。

重要并不是伟大的同义词，它是心灵对生命的允诺。

人们常常从成就事业的角度，断定我们是否重要。但我要说，只要我们在时刻努力着，为光明在奋斗着，我们就是无比重要地生活着。

让我们昂起头，对着我们这颗美丽的星球上无数的生灵，响亮地宣布——

我很重要。

一诺千金

◎ 佚 名

去陕西出差。先到一个很偏远的小镇，接着坐汽车到村里。路凸凹不平特难走。沿着盘山公路转悠，没多远我就开始晕车，吐得一塌糊涂。"还有多远呐？"我有气无力地问。"快了，一小时吧，再翻两座山。"陪我们的副镇长说。过一条湍急的河时，司机放慢速度小心翼翼地开。"这水真大。"我说。"这还算好呢，到雨季水都漫过桥，特危险。"

开会时我负责照相，一群小孩子好奇地围着我。该换胶卷了，我随手把空胶卷盒给旁边一个小孩子，她高兴极了，"谢谢姐姐。"其他孩子羡慕地围着看。看看小孩儿喜欢，我又拆了个胶卷盒给另一个小孩儿，他兴奋得脸都红了。翻翻书包再找出两枝圆珠笔分给孩子们，更多的孩子盼望地看着我的包，真后悔没多带两枝笔。我拉着一个穿红碎花小褂的女孩儿问，

"叫什么呀？" "小翠。" "有连环画没有？" "没有。" 旁边男孩儿说："学校只有校长有本字典。" "姐姐回北京给你们寄连环画来，上面有猫和老鼠打架，小鸭子变成天鹅的故事。" 听得他们眼睛都直了。

我拿出笔记本，记个地址吧，"陕西×县李庄小学"，"谁收呢？" "俺姐识字，她收。" 过来个大一点的女孩儿，"姐姐，写李大翠收。" "好吧。"

从陕西又转道去四川，青海。回北京忙着写报告，译成英文，开汇报会，一晃就两个月了。偶尔翻到笔记本上的"李大翠"，猛然想起小村子的孩子们。犹豫了一下，"孩子们早忘了吧。就是寄过去，也许路上丢了，也许被人拿走了，根本到不了他们手里。"

第二天，还是拜托有孩子的同事带些旧书来。大家特热情，没几天，我桌上就堆了好几十本，五花八门什么都有：《黑猫警长》、《邋遢大王》、《鼹鼠的故事》、《十万个为什么》、《如何预防近视眼》，居然还有一本《我长大了，我不尿床》，呵呵，婴儿妈妈给的。从家里找了本《新华字典》，又跑书店买本《课外游戏300例》，一同寄走了。

快忘了的时候，接到李庄的信。"北京姐姐你好，从你走以后，村里的娃娃天天都说这事儿。我们经常去镇上邮局看看，嘱咐那儿的叔叔、婶婶，'有北京来的信一定收好啊，我们的。'等了两个月没有，村里大人笑我们'北京的姐姐随口

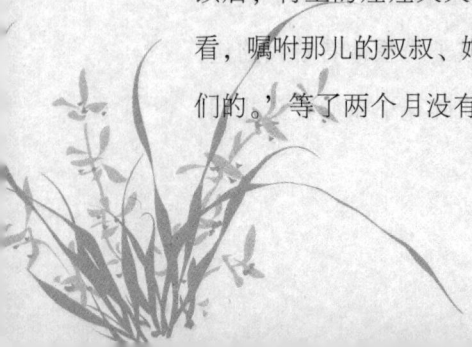

说的，城里人，嘿嘿，不作数的'。我们不信，姐姐清清楚楚在本子上记了我们的地址啊。后来发大水了，妈妈不让去。我拉着小翠偷偷去，其实不远，半天就到了。万一书寄来了呢，万一我们不在被别人拿走了呢。那天终于收到了。姐姐，你知道我们有多高兴吗？用化肥袋子包了好几层，几十里路跑着回来的。晚上全村的娃娃都到我家来了。小翠搂着书睡的，任谁也拿不走。第二天拿到学校，老师说建个'图书角'，让我当管理员。看书的人必须洗干净手，不能弄坏了。书真好看，故事我们都背下来了，还给俺娘讲哩。"

我看着窗外，眼睛湿了。想着那两座高山，漫过桥的大水，泥泞的山路上一高一矮两个单薄的身影。我为曾经的犹豫感到羞愧，幸亏寄出去了，要不永远对不起孩子，伤了他们的心，拿什么来补。

后来陆续又寄了一些书和文具。秋天来了，收到一个沉甸甸的大包，李庄的。里面是大枣，红亮红亮地透着喜庆，夹着纸条，"姐姐，队长说今年最好的枣不许卖，寄给北京。"我把枣分给捐书的同事，大家说从来没吃过这么甜的枣。

从那以后，我开始明白什么叫"一诺千金"，什么叫"言而有信"。

对自己的人生负责

188

◎ 周国平

我们活在世上，不免要承担各种责任，小至对家庭、亲戚、朋友，对自己的职务，大至对国家和社会。这些责任多半是应该承担的。不过，我们不要忘记，除此之外，我们还有一项根本的责任，便是对自己的人生负责。

每个人在世上都只有活一次的机会，没有任何人能够代替他重新活一次。如果这惟一的一次人生虚度了，也没有任何人能够真正安慰他。认识到这一点，我们对自己的人生怎么能不产生强烈的责任心呢？在某种意义上，人世间各种其他的责任都是可以分担或转让的，惟有对自己的人生的责任，每个人都只能完全由自己来承担，一丝一毫依靠不了别人。

不止于此，我还要说，对自己的人生的责任心是其余一切责任心的根源。一个人惟有对自己的人生负责，建立了真正属

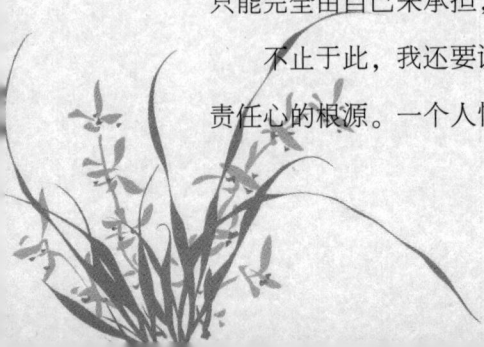

于自己的人生目标和生活信念，他才可能由之出发，自觉地选择和承担起对他人和社会的责任。正如歌德所说："责任就是对自己要求去做的事情有一种爱。"因为这种爱，所以尽责本身就成了生命意义的一种实现，就能从中获得心灵的满足。相反，我不能想像，一个不爱人生的人怎么会爱他人和爱事业，一个在人生中随波逐流的人怎么会坚定地负起生活中的责任。实际情况往往是，这样的人把尽责不是看做从外面加给他的负担而勉强承受，便是看做纯粹的付出而索求回报。

189

一个不知对自己的人生负有什么责任的人，他甚至无法弄清他在世界上的责任是什么。有一位小姐向托尔斯泰请教，为了尽到对人类的责任，她应该做些什么。托尔斯泰听了非常反感，因此想到：人们为之受苦的巨大灾难就在于没有自己的信念，却偏要做出按照某种信念生活的样子。当然，这样的信念只能是空洞的。这是一种情况。更常见的情况是，许多人对责任的关系确实是完全被动的，他们之所以把一些做法视为自己的责任，不是出于自觉的选择，而是由于习惯、时尚、舆论等原因。譬如说，有的人把偶然却又长期从事的某一职业当做了自己的责任，从不尝试去拥有真正适合自己本性的事业。有的人看见别人发财和挥霍，便觉得自己也有责任拼命挣钱花钱。有的人十分看重别人尤其上司对自己的评价，谨小慎微地为这种评价而活着。由于他们不曾认真地想过自己的人生使命究竟是什么，在责任问题上也就必然是盲目的了。

所以，我们活在世上，必须知道自己究竟想要什么。一个人认清了他在这世界上要做的事情，并且在认真地做着这些事情，他就会获得一种内在的平静和充实。他知道自己的责任之所在，因而关于责任的种种虚假观念都不能使他动摇了。我还相信，如果一个人能对自己的人生负责，那么，在包括婚姻和家庭在内的一切社会关系上，他对自己的行为都会有一种负责的态度。如果一个社会是由这样对自己的人生负责的成员组成的，这个社会就必定是高质量的有效率的社会。

做人从常识开始

◙ 佚 名

很早以前就听过一个故事，是用来形容法、英、德、中四国人的办事风格的：一个人丢了一根针，如果这是一个法国人，他会聚众到街上游行示威，高呼口号："我们要找到这根针！"如果这是个英国人，他会不露声色地跑到皇家侦探局，秘密请人侦破这根据针的下落；如果这是个德国人，他会把房间的地板分成一个一个小方格，然后逐格寻找；而如果这是个当代的年轻一辈的中国人，他则会找出一根特大号的铁杵，在记者的摄像机和围观的群众面前大做其铁杵磨针的秀，等到风头出尽，暴得大名之后，再趁人不备设法去弄来一根针，以吹嘘自己大功告成。

谁都听得这个故事里面的讽刺意味，它的确意味深长。并没有故意损我们，是我们血液里的东西暗合了这个故事所说的

荒谬逻辑。我们从小时候开始，就被教导说，要学习这种将铁杵磨成针的刻苦精神，而从来没有人告诉我们，用铁杵来磨针是最笨的方法，既浪费资源，它远没有用钱买一根针来得便捷有效。即便你没有钱，也可以用这根铁杵向别人换一根针（这种便宜生意有谁不愿意做呢？）而省下磨针的时间。这就好比我们从小就被教导说，"失败是成功之母"，而从严没有人告诉我们，失败在大多数时候并非什么成功之母。

还有一个笑话说，老师问学生：你今天做好事了没有？学生回答说：做了，我和小明一起帮一个老太太过马路。老师说：很好。学生却补充了一句：不过，那个老太太一点都不想过去。虽说是个笑话，却值得深思。帮老太太过马路，捡到东西交还失主，这些本来只要是一个正常人都会做的事情，是基本的常识，有时却被宣传成了一种了不起的壮举，久而久之，常识就被人们不知不觉地遗忘了。这种将常识盲目进行精神升华，从而造成真正的常识从我们的生活中隐匿的宣传方式，正在把越来越多的人带到一种不健康的心态之中：大家都在期待道德英雄、精神典范，希望所有的事情都由他们来做，自己则悄悄地躲避作为一个正常人该尽的基本责任。所以，一个单纯用做好事的思想来支撑自身的道德体系的社会，表面上看来，是在提升民众的道德水平，实际上是使每个人都在降低自己的道德要求，并使他们丧失履行自己的道德义务的热情。

有时候，一个人在做好事，后面跟着的往往是一在群爱占

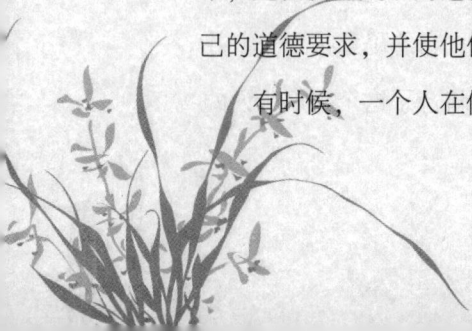

小便宜的人。苏于轼的《中国人的道德前景》一书，对这种现象有过精彩的分析。比如，一个人本着善良的禀性，用节假日的时间帮助居民免费修理电器，结果大家都把一些已经破得无法再用的电器带来，耗费了无数的时间和零件，换来的不过是勉强再用几天，从经济效益上说，也造成了一个人学雷锋众人捡便宜的恶俗局面。所以说，做好事的人虽然值得赞赏，但他们的行为却不值得推广。

精神的三间小屋

194

◎ 毕淑敏

面对那句——人的心灵，应该比大地、海洋和天空都更为博大的名言，自惭自秽。我们难以拥有那样雄浑的襟怀，不知累积至哪种广袤，需如何积攒每一粒泥土，每一朵浪花，每一朵云霓？

甚至那句恨不能人人皆知的中国古话——宰相肚里能撑船，也让我们在敬仰之余，不知所措。也许因为我们不过是小小的草民，即便怀有效仿的渴望，也终是可望而不可及，便以位卑宽宥了自己。

两句关于人的心灵的描述，不约而同地使用了空间的概念。人的肢体活动，需要空间。人的心灵活动，也需要空间。那容心之所，该有怎样的面积和布置？

人们常常说，安居才能乐业。如今的城里人一见面，就

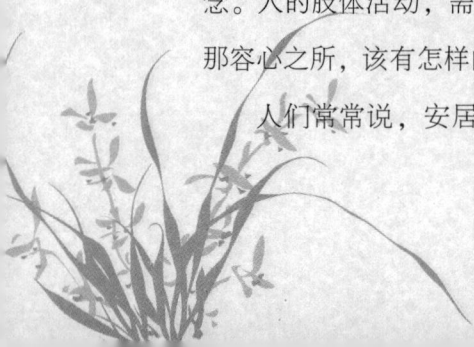

问，你是住两居室还是三居室啊？……喔，两居室窄巴点，三居室虽说也不富余，也算小康了。

身体活动的空间是可以计量的，心灵活动的疆域，是否也有个基本达标的数值？

有一颗大心，才盛得下喜怒，输得出力量。于是，宜选月冷风清竹木萧萧之处，为自己的精神修建三间小屋。

第一间，盛着我们的爱和恨。对父母的尊爱，对伴侣的情爱，对子女的疼爱，对朋友的关爱，对万物的慈爱，对生命的珍爱……对丑恶的仇恨，对污浊的厌烦，对虚伪的憎恶，对卑劣的蔑视……这些复杂对立的情感，林林总总，会将这间小屋挤得满满，间不容发。你的一生，经历过的所有悲欢离合喜怒哀乐，仿佛以木石制作的古老乐器，铺陈在精神小屋的几案上，一任岁月飘逝，在某一个金戈铁血之夜，它们会无师自通，与天地呼应，铮铮作响。假若爱比恨多，小屋就光明温暖，像一座金色池塘，有红色的鲤鱼游弋，那是你的大福气。假如恨比爱多，小屋就阴风惨惨，厉鬼出没，你的精神悲戚压抑，形销骨立。如果想重温祥和，就得净手焚香，洒扫庭院。销毁你的精神垃圾，重塑你的精神天花板，让一束圣洁的阳光，从天窗洒入。

无论一生遭受多少困厄欺诈，请依然相信人类的光明大于暗影。哪怕是只多一个百分点呢，也是希望永恒在前。所以，在布置我们的精神空间时，给爱留下足够的容量。

195

第二间小屋，盛放我们的事业。一个人从 25 岁开始做工，直到 60 岁退休，他要在工作岗位上度过整整 35 年的时光。按一日工作 8 小时，一周工作 5 天，每年就要为你的职业付出 2000 个小时。倘若一直干到退休，那就是 70000 个小时。在这个庞大的数字面前，相信大多数人都会始于惊骇终于沉思。假如你所从事的工作，是你的爱好，这 70000 个小时，将是怎样快活和充满创意的时光！假如你不喜欢它，漫长的 70000 个小时，足以让花容磨损日月无光，每一天都如同穿着淋湿的衬衣，针芒在身。

我不晓得一下子就找对了行业的人，能占多大比例？从大多数人谈到工作时乏味麻木的表情推算，估计这样的幸运儿不多。不要轻觑了事业对精神的濡养或反之的腐蚀作用，它以深远的力度和广度，挟持着我们的精神，以成为它魔下持久的人质。

适合你的事业，白桦林不靠天赐，主要靠自我寻找。这不但因为相宜的事业，并非像雨后的菌子一样，俯拾即是，而且因为我们对自身的认识，也是抽丝剥茧，需要水落石出的流程。你很难预知，将在 18 岁还是 40 岁甚至更沧桑的时分，才真正触摸到倾心的爱好。当我们太年轻的时候，因为尚无法真正独立，受种种条件的制约，那附着在事业外壳上的金钱地位，或是其他显赫的光环，也许会灼晃了我们的眼睛。当我们有了足够的定力，将事业之外的赘生物一一剥除，露出它单纯

可爱的本质时，可能已耗费半生。然费时弥久，精神的小屋，也定需住进你所爱好的事业。否则，鸠占鹊巢，李代桃僵，那屋内必是鸡飞狗跳，不得安宁。　　　我们的事业，是我们的田野。我们背负着它，播种着，耕耘着，收获着，欣喜地走向生命的远方。规划自己的事业生涯，使事业和人生，呈现缤纷和谐相得益彰的局面，是第二间精神小屋坚固优雅的要诀。

　　第三间，安放我们自身。这好像是一个怪异的说法。我们自己的精神住所，不住着自己，又住着谁呢？

197

　　可它又确是我们常常犯下的重大失误——在我们的小屋里，住着所有我们认识的人，惟独没有我们自己。我们把自己的头脑，变成他人思想汽车驰骋的高速公路，却不给自己的思维，留下一条细细羊肠小道。我们把自己的头脑，变成搜罗最新信息网络八面来风的集装箱，却不给自己的发现，留下一个小小的储藏盒。我们说出的话，无论声音多么嘹亮，都是别的喉咙嘟囔过的。我们发表的意见，无论多么周全，都是别的手指圈画过的。我们把世界万物保管得好好，偏偏弄丢了开启自己的钥匙。在自己独居的房屋里，找不到自己曾经生存的证据。

　　如果真是那样，我们的精神小屋，不必等待地震和潮汐，在微风中就悄无声息地坍塌了。它纸糊的墙壁化为灰烬，白雪的顶棚变作泥泞，露水的地面成了沼泽，江米纸的窗棂破裂，露出惨淡而真实的世界。你的精神，孤独地在风雨中飘零。

　　三间小屋，说大不大，说小不小。非常世界，建立精神的栖息地，是智慧生灵的义务，每人都有如此的权利。我们可以不美丽，但我们健康。我们可以不伟大，但我们庄严。我们可以不完满，但我们努力。我们可以不永恒，但我们真诚。

　　当我们把自己的精神小屋建筑得美观结实、储物丰富之后，不妨扩大疆域，增修新舍，矗立我们的精神大厦，开拓我们的精神旷野。因为，精神的宇宙，是如此地辽阔啊。

养成好习惯

199

梁实秋

　　人的天性大致是差不多的，但是在习惯方面却各不相同，习惯是慢慢养成的，在幼小的时候最容易养成，将来要想改变就不太容易。

　　譬如说，清晨早起是一个好习惯，这也要从小时候养成。很多人从小就贪睡懒觉，遇到假日更是睡到日上三竿。平时也不肯早起，往往蓬头垢面的就往学校跑，结果还是迟到。这样的人长大了之后也常是不知振作，多半不能有什么成就。祖逖闻鸡起舞，那才是志士奋励的榜样。

　　华人最重礼，因为礼是行为的规范，礼要从家庭里做起。比如：为子弟者"出必告，反必面"，这一点对长辈起码的礼貌，我们是否每日做到了呢？我看见有些孩子早晨起来对父母视若无睹，晚上回家如入无人之境，遇到长辈常常横眉冷目，不屑搭仙。这种习惯如果不纠正，将来长大到社会服务，必然很难与人和睦相处。

在公共场所大声喧哗，是一种不好的习惯。我们要扪心自问，在别人读书工作的时候，是否肆无忌惮地扰及他人的宁静？我们应该随时为他人着想，维持公共秩序，切不可自私自利，损人利己。

时间就是生命。我们的生命是一分一秒地在消耗着，平时不觉得，细想起来实在值得警惕。我们每天有许多零碎的时间于不知不觉中浪费掉了。若能养成一种利用闲暇的习惯，一遇空闲，无论多么短暂，都用来做一点有意义的事，则集腋成裘，终必有所成就。常听人讲起"消遣"二字，最是要不得，好像时间太多无法打发的样子。其实人生短暂极了，哪里会有多余的时间待人"消遣"？陆游有句云："待饭未来还读书"，许多人就是经常利用这"待饭未来"的时间读书而成为社会翘楚。面对汗牛充栋的书籍，古人有所谓"三上之功"，在枕上、马上和厕上读书虽不足为训，其用意是在劝人不要浪费光阴。

吃苦耐劳是我们这个民族的标志。古圣先贤总是教导我们过俭朴的生活。所谓"一箪食，一瓢饮"，就是形容生活状态极端的艰苦。所谓"嚼得菜根"，就是表示一个有志气的人能耐得清寒。恶衣恶食，不足为耻，丰衣足食，不足为荣，这是起码的个人修养。罗马帝国鼎盛时有一位皇帝，他从小就不喜欢一切享受，从来不参与当时风靡全国的赛车比武之类的娱

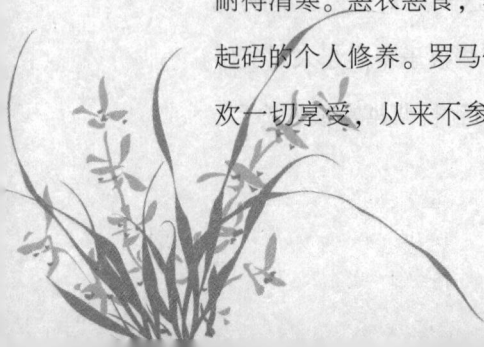

乐。他励精图治，终其生成为一位严肃的哲学家，而且建立了不凡的事业。这是很令人钦佩的。我们应从小就养成俭朴的习惯，更要知道物力维艰，竹头木屑，皆宜爱惜。

以上数端不过是偶然拈来，好的习惯千千万万，"勿以善小而不为"。好习惯养成之后，便毫无勉强，临事心平气和，顺理成章，水到渠成。充满良好习惯的生活，才是合乎"自然"的生活。